10대를 위한
AI 리더
젠슨 황 이야기

10대를 위한
AI 리더 젠슨 황 이야기
장린팡 · 후팡팡 지음
정세경 옮김 | 신지나 감수
디션북스

AI 리더 젠슨 황에게서
배워야 할 모든 것

린번젠
타이완 칭화대학교 반도체연구소 소장, TSMC 전 R&D 부사장

엔비디아의 CEO 젠슨 황은 한마디로 입지전적 인물입니다. 설거지 아르바이트부터 시작해 결국 전 세계가 주목하는 억만장자가 되었지요. 그가 이끄는 회사와 그곳에서 생산하는 제품은 전 세계 과학기술과 문화 발전에 큰 영향을 끼쳤습니다. 세계 주요 언론이 그와 인터뷰를 하기 위해 다투고 있고요.

젠슨 황에 관한 많은 책 중에 젠슨 황으로부터 인정받은 전기傳記는 미국 작가 스티븐 위트가 쓴 『엔비디아 젠슨 황, 생각하는 기계』뿐입니다. 그렇다면 제가 이 책, 『10대를 위한 AI 리더 젠슨 황 이야기』를 추천하는 이유는 무엇일까요?

이 책은 청소년을 대상으로 세심하게 기획하고 집필한 젠슨 황의 성장기랍니다. 젠슨 황이 겪었던 삶의 전환점을 청소년도 쉽게 읽을 수 있는 분량과 문체로 생생하게 그려내고 있습니다. 조기 유학생이었던 그가 느낀 미국 생활의 충격부터 성장 과정에서 겪은 어려움, 엔비디아를 창업하며 겪은 고난과 전환점까지 젠슨 황의 인생을 고스란히 담아냈어요. 젠슨 황과 관련된 책과 인터뷰, 연설, 뉴스 기사 중에서 청소년에게 도움이 될 만한 내용들을 고르고 골라 각 장을 구성했답니다. 가장 큰 장점은 젠슨 황의 삶의 여정과 가치관은 물론이고 좌절을 마주했을 때 이를 이겨내기 위한 그의 솔직한 고민을 독자들에게 제대로 보여주기 위해 애썼다는 점입니다.

그런 면에서 이 책은 청소년 여러분이 배움의 본보기로 삼을 만한 책입니다. 그러나 한 가지 당부의 말씀을 드리자면 젠슨 황의 삶에서 그저 겉으로 드러나는 검은 가죽 재킷이나 식당 설거지 아르바이트, 먼 외국에서 성장한 모습 등만을 흉내 내려 하면 안 됩니다. 우리가 진정으로 배워야 할 것은 고통과 괴로움을 견디고, 환경에 적응하려 애쓰며, 온 힘을 다해 집중하는 정신입니다. 젠슨 황은 고난을 두려워하지 않고, 좌절에 무릎 꿇지 않으며, 불가능에 도전하는 의지를 가진 사람이었으니까요.

현명함은 타고나는 것이 아니라 깊이 있게 생각하고 수없이 노력한 끝에 단련되어 나오는 결과랍니다. 다시 말해 우리는 타인의 인생을 고스란히 따라 하려고 하기보다 그가 '어떻게' 현존하는 최고의 인재가 될 수 있었는지를 배워야 합니다. 단순히 특정 분야의 전문가나 다재다능한 인재로 성장하는 데 그치지 않고 업계에 새로운 관점을 제시하고, 전통적 규칙을 뒤엎을 수 있는, 기존의 방식으로는 해결할 수 없는 문제들을 해결해 나갈 창의적인 생각을 가진 사람이 될 수 있도록 말입니다.

다음 혁신을 준비하는
AI 원주민에게

AI는 이미 스마트폰과 PC, 로봇, 자동차는 물론이고 전 세계의 클라우드와 데이터센터에 깊이 스며들기 시작했어요. 앞으로 10년 안에 사람들은 컴퓨팅•이 재구성되는 모습을 목격하고, 모든 산업도 이에 영향을 받게 될 것입니다. AI가 세상의 모든 것을 바꾸는 셈이죠.

AI 황제라 불리는 젠슨 황이 바로 이 흐름의 핵심 인물이고요. 이 미국 국적의 타이완계 엔지니어이자 그래픽카드 회사 엔비디아의 CEO는 현재 하루가 다르게 영향력을 키워가고 있

• 컴퓨터를 사용해 이뤄지는 처리 과정. (본문의 모든 각주는 옮긴이 주입니다.)

어요. AI의 물결로 GPU* 수요가 크게 늘어나면서 젠슨 황의 엔비디아는 전 세계 시가총액 1위 기업이 됐고, 사상 최초로 시가총액이 4조 달러(약 5800조 원)를 돌파한 상장회사가 되었죠. 이는 애플과 마이크로소프트를 제친 기록으로, 젠슨 황 역시 순자산이 1000억 달러(한화 약 145조 원)를 넘어서며 세계 10위의 부호 자리에 올랐답니다.

젠슨 황이 세운 엔비디아는 설립 30여 년 만에 AI 분야에서 강력한 발언권을 얻어 거의 모든 산업계에 새로운 변화를 가져왔고, 인류 사회의 미래마저 새롭게 쓰려 하고 있습니다!

젠슨 황은 특유의 매력과 사교성으로 IT계 거물들과 함께 야시장에서 간식을 먹거나 짓궂은 표정으로 사진을 찍는 등의 친근한 모습을 보여주기도 해요. 가는 곳마다 인파를 몰고 다닐 뿐만 아니라 사인을 해달라는 요청도 많이 받습니다. 이런 그의 모습을 보고 한 그룹의 회장은 젠슨 황이야말로 IT계의 록스타이고, 이미 세상을 떠난 애플의 창업자 스티브 잡스에 맞먹는 매력을 지녔다며 치켜세우기도 했답니다.

● 그래픽처리장치. 컴퓨터의 두뇌인 CPU(중앙처리장치)를 대신해 그래픽 연산을 집중적으로 처리한다. 대량의 데이터를 동시에 계산하는 능력이 뛰어나 현재는 그래픽을 넘어 AI 연산의 핵심 동력으로 활용된다. 엔비디아의 GPU가 2026년 전 세계 점유율 1위를 차지하고 있다.

그의 성장 과정은 몹시 험난했지만 많은 사람에게 영감을 주기도 했어요. 역시나 파란만장했던 창업 과정은 자라나는 청소년들에게 어떤 깨달음을 줄 수 있을까요?

이 책은 젠슨 황의 나이대별 성장 과정에 맞춰 구성되어 있습니다. 각각의 단계가 그에게 어떤 영향을 미쳤으며, 그때마다 마주한 좌절이 어떻게 그를 성장시키는 자양분이 됐는지를 다루고 있지요. 평범한 타이완 소년이 어떻게 AI 황제가 됐는지, 어린 유학생이 어떻게 미국 환경에 적응했는지, 공부와 일은 어땠는지는 물론이고, 창업 과정에서의 노력과 고난, 신념과 끈기, 인내 등이 소개되어 있고요. 엔비디아가 여러 차례 위기를 겪으면서도 어떻게 더 강해졌는지, 기술적인 목표를 세우고 어떻게 시장의 어려움을 극복했는지, 모두가 의심의 눈초리로 AI 물결을 지켜볼 때 어떻게 선두 주자로 우뚝 섰는지, 그의 큰 야망과 행동력 등에 대한 이야기도 함께 다루고 있답니다. 이를 통해 삶의 지혜와 진리를 청소년 독자들과 함께 나누기 위해서 말이죠.

젠슨 황은 식당 직원이라는 첫 직업이 자신의 인생에 큰 영향을 미쳤다고 이야기했어요. 학생 시절부터 겸손히 몸을 낮추며 고생을 마다하지 않은 것이 스스로를 갈고닦는 길이 됐으며, 강한 정신력을 키울 수 있는 뒷받침이 된 거예요. 이런 꾸준한 노력은 우리 모두가 본받을 만한 점입니다.

PC 혁명이 시작된 1992~1993년 무렵 젠슨 황과 친구들은 마이크로프로세서•가 지닌 미래 가치를 깨달았습니다. 일반 컴퓨터로는 풀기 어려운 문제를 해결하기 위해 도전했고, 1993년에 엔비디아를 설립해 자금과 기술을 쏟아부었습니다. 그 덕분에 젠슨 황은 세계적 자원을 모아 AI의 무한한 가능성을 예측할 수 있었죠.

"자신이 사랑하는 일을 하는 것을 두려워하지 마십시오. 그 사랑이 당신을 무적으로 만들어줄 테니까요. 결과를 두려워하지 않고 옳은 길을 가기 위해 노력하다 보면 결과는 자연스레 따라오게 마련입니다."

이런 그의 말처럼 꾸준히 노력하는 과정과 끈기는 오늘을 살아가는 청소년 여러분이 꼭 배워야 할 점입니다.

사람들이 GPU에 주목하지 않았을 때도 젠슨 황은 10년에 걸쳐 앞날을 대비했어요. "기업가에게는 무지도, 신념도 일종의 초능력입니다"라고 말했듯 그는 아무것도 확신할 수 없는 상황에서 창업해 수많은 어려움을 하나하나 극복해 왔습니다.

● 컴퓨터의 연산과 제어를 담당하는 수백만 개의 회로를 단 하나의 반도체 칩에 집약한 중앙처리장치.

그는 이런 말도 했답니다.

"핵심적인 신념을 품고 매일 마음속으로 목표를 되새겨 보며 최선을 다해 꾸준히 그것을 좇고, 더불어 당신이 사랑하는 사람과 그 여정을 함께하는 것이 바로 엔비디아의 이야기입니다."

타이난의 소년에서 AI 황제가 된 젠슨 황의 인생은 전 세계의 청소년들이 본받고 싶은 성공 스토리가 됐습니다. 그는 아시아인의 진가를 드러낸 대표적인 인물이 됐을 뿐만 아니라, 노력하여 기회를 잡으면 어느 누구든 어디에서든 성공하고 세계의 흐름을 이끌 수 있다는 사실을 증명해 냈죠. 또한 크고 넓은 세계에서 활약하며 자기 뿌리를 잊지 않는 것이 얼마나 가치 있는 일인지를 일깨워 주었어요.

AI는 지금 이 시대에 가장 주목받는 기술이 되었으며, 다음 세대의 성장을 위한 초석이 되고 있습니다. 로봇이 로봇을 만드는 시대가 올 것이라는 젠슨 황의 말에 사람들은 깜짝 놀랐고, 실제로 챗GPT나 제미나이 등 다양한 AI가 폭넓게 활용되면서 우리의 생활은 다방면에서 큰 변화를 겪고 있죠. 이제 우리는 어디로 나아가야 할까요? 청소년 여러분은 점차 사회의 중심으로 성장해 나갈 것입니다. 젠슨 황을 비롯해 AI 엘리트들이 만들어낸 AI 혁명은 머지않아 여러분이 맞이해야 할 과제이고요. 이 과제를 해결하기 위해 우리는 먼저 젠슨 황과 그의 성공 과정을 이해해야 하지 않을까요?

미디어를 통해 보이는 젠슨 황의 눈부신 모습에 속지 마세요. 무대 위에서 빛나는 그의 모든 모습은 바로 무대 밑에서 10년 넘게 쌓아 온 노력과 흘린 피눈물이 있었기에 가능한 것이니까요. 미래를 위해 꾸준히 노력하면서도 이상과 꿈을 포기하지 않은 사람, 특히 지금 이 순간에도 꿈을 꾸고 있는 청소년들에게 이 책을 바칩니다.

이제 곧 다가올 새로운 시대를 함께 맞이할 여러분을 환영합니다!

차례

1

성장과 노력의 DNA

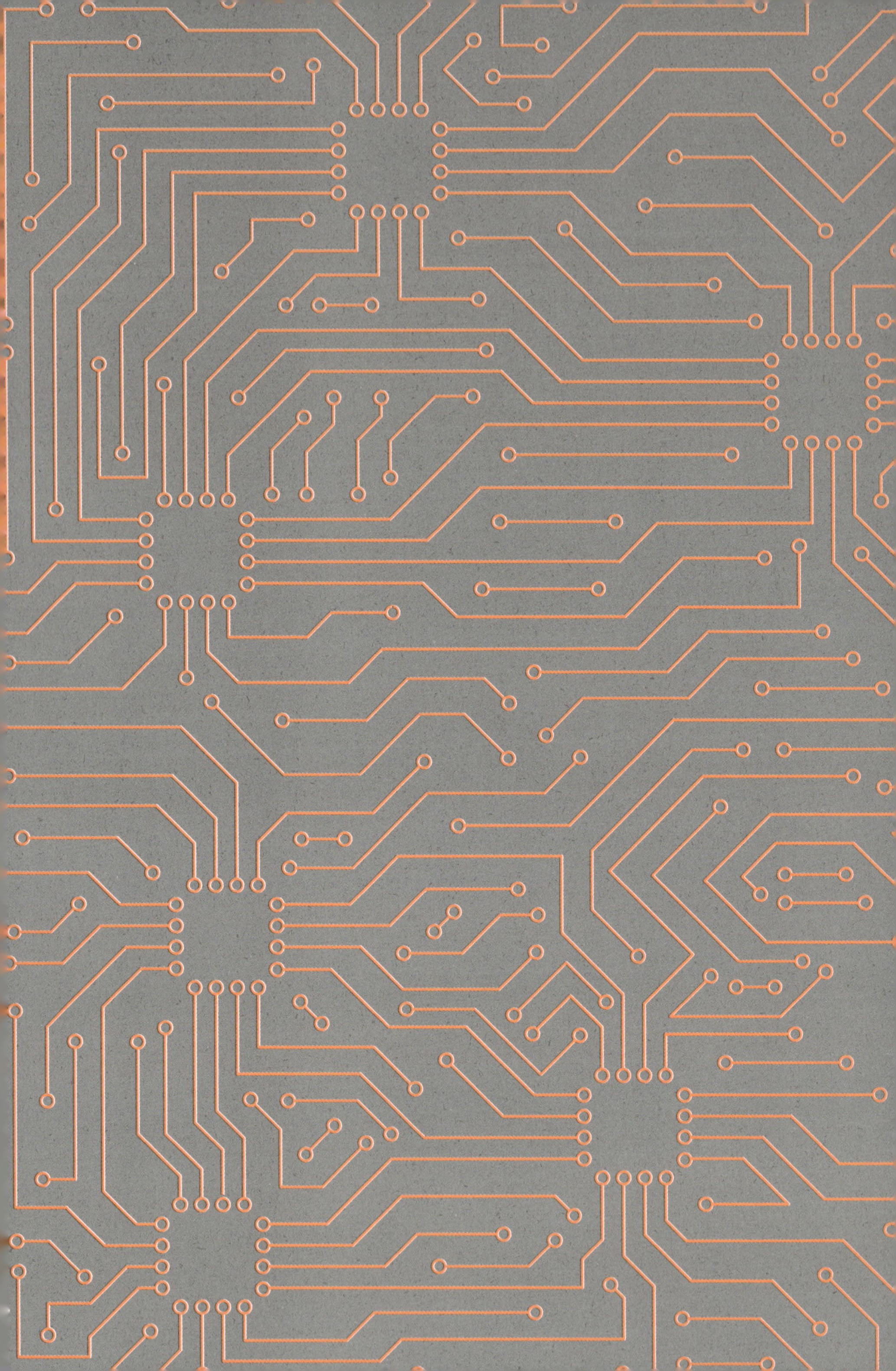

1

성장과 노력의 DNA

독립심이 강한 소년

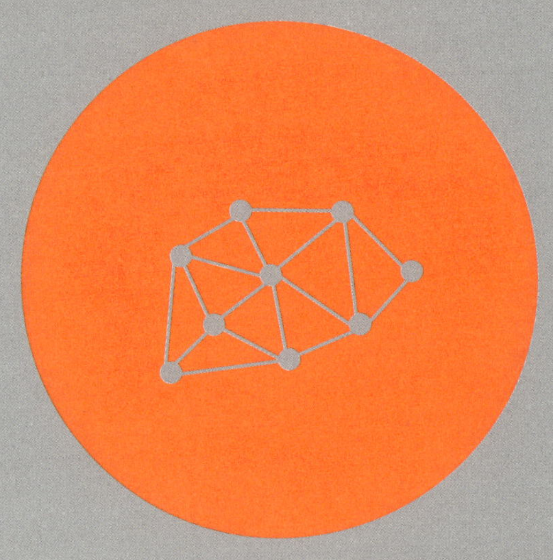

부모님의 사랑 덕분에 낯선 곳에서도

뭐든 스스로 부딪치며 독립심을 키운 씨 천재의 탄생

젠슨 황, AI 분야의 세계적인 리더인 그는 사람들과 어울리는 능력과 매력도 뛰어나 여러 IT 업계의 거물들과 함께 야시장에서 간식을 먹는 모습도 종종 보여줬는데요. 그의 영향력은 전 세계를 AI 물결로 이끌고 있습니다. 그렇다면 누가 이런 젠슨 황을 길러냈을까요? 먼 이국땅에서 이름도 없던 아시아의 소년을 수십 년의 담금질을 통해 AI의 거물로 키워낸 사람은 누구일까요?

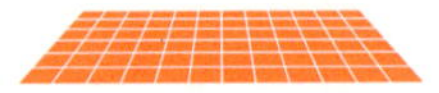

1963년 2월 17일 태어난 젠슨 황, 이 이름은 지금 우리 세대가 반드시 기억해야 할 이름입니다. 전 세계의 스포트라이트가 일제히 젠슨 황을 향하면서 AI 업계도 더욱 주목을 받기 시작했는데요. 온라인 백과사전 위키피디아를 보면 젠슨 황을 다음과 같이 소개하고 있어요. '타이완계 미국인 기업가, 전기 엔지니어, 그래픽칩 회사 엔비디아의 공동 창업자 겸 CEO…….' 과거에는 IT 엔지니어를 비롯한 소수의 사람들만 아는 제품이었지만, 젠슨 황에 관한 다양한 언론 보도를 접하면서 대중도 GPU가 무엇인지 알게 됐죠.

젠슨 황은 마력을 가진 사람입니다. 그가 타이완에 방문했을 당시, 언론은 그가 IT 업계의 선배 기업가들과 함께 자연스레 거리를 거니는 모습을 연이어 보도했어요. 공급망 파트너이자 타이완 반도체 IT 업계를 대표하는 TSMC의 창업자 모리스 창과 콴타컴퓨터의 배리 램 회장, 페가트론의 T. H. 퉁 회장 등과 야시장 노점에서 즐겁게 음식을 나눠 먹는 모습은 타이완에서 매우 보기 드문 광경이었죠. 검은 가죽 재킷을 입은 은발의 AI 천재가 따뜻한 미소를 지으며 "맛있어요! 진짜 맛있어요!"라고 외친 순간, 차갑게만 여겨졌던 IT와 AI에 대한 시선이 그가 먹고 있는 익숙한 음식처럼 친숙하게 느껴졌지요!

덕분에 IT 용어는 더 이상 엔지니어들만의 전유물이 아니게 됐고, AI 또한 평범한 생활을 하는 소시민들의 마음에까지 들어올 수 있게 됐어요. 젠슨 황은 각종 연설에서 AI의 진화한 컴퓨팅 능력을 강조하며, 엔비디아의 새로운 GPU 제품인 블랙웰 등을 소개하고, 무대 위에서 마치 살아 있는 듯한 로봇 모듈을 선보임으로써 곧 새로운 시대가 시작될 것임을 예고하기도 했죠.

먼 옛날로 거슬러 올라가 보면 새로운 세상을 열었다는 영웅들은 자신만의 특별한 능력이 있었을 뿐만 아니라 꾸준한 노력과 적당한 운, 시대의 흐름에 몸을 맡기는 용기도 골고루 갖추고 있었는데요. 여기에는 이전에 쌓아온 힘이 어느 시점에 이르러 온전한 결실을 맺게 된다는 뜻도 담겨 있지요.

그렇다면 과연 '시대가 영웅을 만드는' 것일까요? 아니면 '영웅이 시대를 만드는' 것일까요? 사실 과학기술의 발전사를 돌아보면 영웅과 시대는 떼려야 뗄 수 없는 관계입니다. 제아무리 뛰어난 인재라도 시대의 흐름을 읽는 데 게으르고 더 높이 올라가려 노력하지 않는다면 시대도 영웅을 만들 순 없겠죠. 그런 의미에서 최선의 노력을 다해 영웅을 만들어낸 부모님이 있다면, 그들은 더더욱 주목을 받아야 하지 않을까요?

젠슨 황은 자신의 부모님에 대해 다음과 같이 말한 적이 있어요.

"제가 미국에서 공부하던 시절에 저희 부모님은 테이프에 두 분께 있었던 일을 녹음해 보내주시곤 했어요. 테이프를 들을 때마다 전 무척이나 감동을 받았답니다. 나중에는 저도 테이프에 제 일상을 녹음해 부모님께 보내드렸었죠. 하지만 안타깝게도 2년 뒤에 테이프를 모두 잃어버리고 말았어요. 그 당시 테이프를 다 가지고 있다면 얼마나 좋을까요? 지금 그 테이프를 다시 들을 수 있다면 먼 옛날 정답던 가족들의 목소리를 들을 수 있을 텐데요."

이 소소한 이야기만 들어봐도 젠슨 황의 부모님이 어떤 가르침을 줬고, 부모자식 간의 정이 얼마나 끈끈했는지를 충분히 가늠할 수 있습니다.

우리는 지금 AI 시대에 살고 있는 덕에 무엇이든 스마트폰이나 각종 하드웨어, 소프트웨어를 통해 쉽고 빠르게 기록하고 전송할 수 있게 됐죠. 하지만 이러한 시대가 오기 전, 우리 부모님 혹은 조부모님 시절에는 사람과 사람의 연결이 대부분 '물리적' 형태였어요. 이를테면 누군가와 약속을 한다든지 중요한 회의를 하려면 상대와 직접 만나야 했죠. 그렇기에 상대를 만나지 못한 상태에서 목소리를 듣는다는 것은 대단히 혁신적인 일이었어요. 실제로 축음기가 처음 발명됐을 때 사람들은 기계를 통해 누군가의 목소리를 남길 수 있다는 걸 쉽게 믿지 못했답니다. 당시 사람들에게는 정말 깜짝 놀랄 만한 일이 아닐 수 없었지요.

시간이 지나면서 음성과 영상을 기록하는 기계는 점점 더 발전했고, 보다 다양한 방식으로 활용되기 시작했어요. 오늘날 디지털 기기와 스마트 기술이 우리의 일상에 녹아들었을 뿐만 아니라 사람과 사람 사이의 감정을 표현하고 연결하는 중요한 도구가 된 것처럼 말이지요. 다시 말해 서로 깊이 사랑하는 사람들이 이런 도구를 활용해 상대를 향한 마음을 표현하고 기록할 수 있게 된 거예요. 기계를 통해 무형의 소리와 감정을 우리가 살고 있는 세상에서 마음껏 나눌 수 있게 된 셈이죠.

디지털 기기와 AI의 발전으로 과거 세대와 현재 세대는 거리감 없는 소통을 할 수 있게 됐습니다. 젠슨 황의 아버지가 일찍이 유럽과 미국의 발전을 내다보고, 독립성을 키우는 교육의 씨

앗을 아들에게 심어준 덕에 이러한 기술이 폭발적으로 성장했는지 모릅니다. 젠슨 황의 아버지가 어린 시절부터 아들을 먼 나라 미국에서 자라게 한 것은 그에게 독립적 사고와 기록을 공유하는 능력, 실질적 경험 쌓게 하기 위해서였던 것이지요.

젠슨 황의 부모님은 아들에게 '경험을 우선으로 하는' 삶의 태도를 가르쳤고, 그 덕분에 젠슨 황은 어린 시절부터 미국에서 다양한 세계를 경험할 수 있었죠. 이 시절의 경험들을 통해 끊임없는 변화와 충격을 내 것으로 만들어가며, 창업에서도 한 걸음 한 걸음 정상을 향해 발을 내딛게 되었답니다.

젠슨 황의 아버지가 아들에게 지어준 '런쉰仁勳'이란 이름에는 '어진(仁,어질 인) 마음으로 공(勳,공 훈)을 세우라'는 뜻이 담겨 있다고 해요. 지극히 유교적인 생각이 담긴 이름이지요. 젠슨 황의 아버지 황싱타이는 가정교사로서 젠슨의 어머니 뤄차이슈를 가르쳤던 인연으로 훗날 결혼까지 하게 됐는데요. 젠슨 황의 어머니도 나중에 교사가 되었답니다. 그녀는 교사로서 다양한 분야의 인재를 길러냈을 뿐만 아니라 자신의 아들을 AI의 미래와 전 세계 과학기술 발전에 이바지하고, 세계 경제의 판도를 바꿀 핵심 인물로 키워낸 셈입니다.

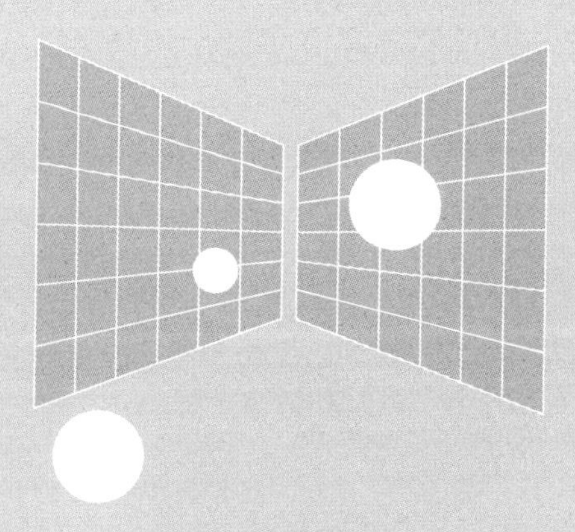

미국으로 떠난 조기 유학생

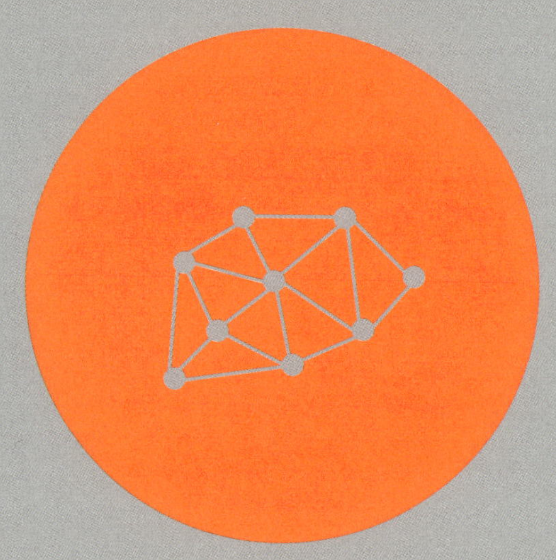

자신의 꿈에 이르고자 마인드에서부터 교육까지

완전히 탈바꿈한 황색 피부, 검은 머리 소년의 성장기

소년 젠슨 황은 어린 시절 식당에서 아르바이트를 하면서도 한순간도 창업의 꿈을 잊어본 적이 없어요. 그는 AI에 대한 꿈을 단단히 다지며 타국에서 꿈의 싹을 틔웠지요. 물론 준비 과정은 매우 어려웠지만 그럴수록 꺾이지 않는 회복력과 현실을 피하지 않는 용기로 문제 해결 능력을 키울 수 있었답니다. 일찍부터 스스로를 단련해 온 덕분에 소년은 밑바닥부터 빛을 내며 영웅으로 자랄 수 있게 된 겁니다.

오늘날 젠슨 황이 이룬 빛나는 성취는 사실 어린 시절의 성장 및 교육 환경과 큰 관련이 있어요. 물론 전문가 사이에서는 '환경과 유전 중 무엇이 아이의 발달에 보다 큰 영향을 미치는가?'라는 문제를 두고 여전히 논쟁 중이지만요. 다양한 의견이 있지만, 먼 옛날이나 지금이나 특히 역사에 이름을 남긴 영웅들은 성장 배경과 교육 환경에서 많은 영향을 받았다는 사실을 우리는 확실히 알고 있죠.

젠슨 황 역시 과거 패밀리 레스토랑에서 아르바이트를 했던 때와 암울했던 기숙학교 시절 덕에 청소년기부터 사회 밑바닥을 경험하며 다양한 또래 친구들과도 잘 지내는 방법을 배웠고, 인생의 목표를 찾을 수 있었다고 말한 바 있어요. 또 같은 꿈을 품은 동료들과 함께 과학기술의 꿈을 계속 좇을 수 있었던 것도 카페에서 수없이 커피를 마시며 창업에 대한 불꽃을 피우고, 미래에 대한 비전을 그렸기 때문이라고 말했답니다. 그런 시간들이 모여 엔비디아의 창업 여정을 시작할 수 있었다고요.

공동 창업자 크리스 말라초스키는 《월스트리트 저널》과의 인터뷰에서 엔비디아의 시작에 대해 다음과 같이 이야기했어요.

"카페 주인 입장에서 저희는 진상 손님이었을 거예요. 네 사람이 자리를 차지하고 앉아 커피 한잔으로 버티곤 했죠"

실제로 그들은 나중에 카페 뒤쪽 공간으로 쫓겨나야 했대요. 말라초스키는 당시를 이렇게 기억했어요.

"우리는 보고서를 쓰느라 바빴어요. 노트북 앞에 앉아 우리가 뭘 해야 할지를 고민했죠."

이들의 모습을 상상해 보세요. 이룰 수 있을지 없을지 모를 꿈에 관한 계획을 열심히 써 내려가는 젊은이들을요. 게다가 검은 머리에 황색 피부를 가진 아시아 남자아이가 하얀 피부에 파란 눈을 가진 백인들 사이에 끼어 자신의 꿈에 대해 이야기하고 있는 모습이라니. 당시로서는 젠슨 황 자신에게도, 주변 사람들에게도 꽤 낯선 풍경이지 않았을까요? 사실 젠슨 황은 이런 문화 충격을 일찌감치 경험했었답니다.

젠슨 황의 아버지 황싱타이는 타이난 청쿵대학 화학공학과를 졸업한 뒤 타이완 경제가 비상하기 시작하던 무렵인 1960

년에 미국 에어컨 제조사인 캐리어의 타이완 지사에서 근무하게 됐어요. 당시는 미국 경제가 호황이었던 터라 타이완도 수혜를 입어 많은 인재들이 미국 기업에 들어갈 수 있었지요. 멀리 내다보는 눈이 있었던 그는 선진국인 미국의 발전과 기업 경영의 밝은 전망을 예측하고는 아들을 태국을 거쳐 먼 미국으로 보냈어요. 꼬마 젠슨 황은 '조기 유학생'이 되어 어린 시절을 미국에서 보내게 된 거예요. 덕분에 그는 타국에서 일찍이 뿌리를 내리고, 미국 사회와 문화에 녹아들었죠.

조기 유학생은 사실 그때나 지금이나 그리 낯설지 않은 단어인데요. 경제력이 있는 부모들은 자녀를 먼 나라의 친척들에게 맡기곤 했어요. 어릴 때부터 서양식 생활과 교육 환경에 익숙해지도록 해 가치관과 처세 등 거의 모든 면에서 아이를 완전히 바꾸고, 피부색은 다르지만 유창한 영어를 쓰는 '미국인'으로 만드는 것이지요. 이런 학생들에게 미국에서의 조기 유학이 어땠느냐고 물어보면 대답은 대부분 비슷해요.

"처음에는 확실히 모든 게 신기하죠. 낯선 곳이다 보니 재미있고 신선하고, 미국 햄버거를 먹는 것도 신나더라고요. 하지만 시간이 좀 지나면 말이든 생활이든 모두 새롭게 시작해야 하니 제가 꼭 어느 모르는 별에 도착한 외계인같이 느껴졌어요. 서구 세계의 친구들과 선생님, 직장 동료들과 함께 호흡하고 경쟁하는 건 결코 쉬운 일이 아니에요.”

다행히도 영리하고 의욕적이었던 어린 젠슨 황은 엄청난 환경 변화에 두려움을 느끼기보다 지혜롭게 아메리칸드림을 펼치기 시작했답니다. 그는 아홉 살에 형과 함께 미국의 삼촌 집에 보내졌다가 이후에는 켄터키주의 기숙학교에 가게 됐어요.

그 학교에는 굉장히 많은 문제아가 다니고 있었어요. 저소득층 가정의 아이들이나 다른 학교에서 퇴학당한 아이들을 받아주는 악명 높은 학교였지요. 체격이 작고 아시아인 특유의 억양이 심했던 젠슨 황은 학교에서 그리 잘 지내지 못했다고 해요. 등교할 때 지나는 다리 위에서 다른 친구들을 마주칠 때면 짓궂은 장난이나 괴롭힘을 당해야 했고, 가끔은 그를 다리 밑 강물로 밀어버리는 경우도 있었거든요. 기숙사에서는 혼자 화장실 청소를 하라는 강요를 받기도 했어요. 젠슨 황은 자신의 학창 시절을 이렇게 떠올렸어요.

“거기 애들은 모두 담배를 피웠어요. 아마 잭나이프가 없는 학생은 저 하나뿐이었을 겁니다.”

그렇게 괴롭힘을 당하던 어린 시절에도 젠슨 황은 뛰어난 성적 덕에 태도가 불량하고 성적이 나쁜 학생들의 공부를 돕게 됐어요. 이를 계기로 점차 자존감을 키우고 자신의 자리를 찾아나가게 되었답니다.

평범한 아이들이 부모님 앞에서 철없이 굴며 그저 학교 공부에만 신경 쓸 초등학교 시절, 젠슨 황은 용감하게 홀로 서는 법과 국적도, 취향도, 성격도, 배경도 다른 학생들과 함께 어울리는 법을 배운 것입니다. 최악의 상황에서도 자신만의 빛을 낼 줄 알았던 젠슨 황은 남다른 기질과 삶에 대한 강한 회복력이 있던 소년이었죠. 이런 젠슨 황의 어린 시절을 통해 우리는 다음과 같은 진리 하나를 깨달을 수 있습니다. 그것은 바로 영웅은 나이와 상관이 없으며, 오히려 일찍이 남다른 상황을 이겨낼수록 나 자신을 가다듬어 더 나은 미래를 만들어갈 수 있다는 거예요.

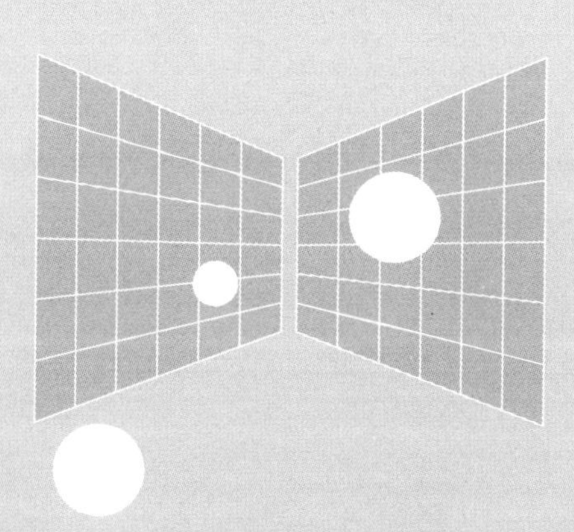

엔지니어식 사랑

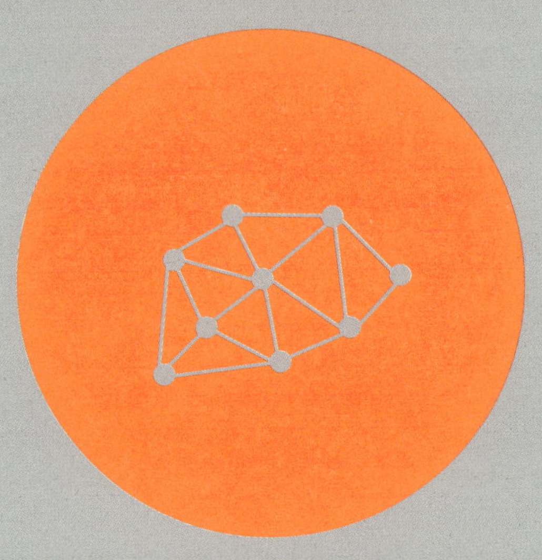

열일곱 살 첫사랑에 평생을 건

젠슨 황의 러브스토리

어린 시절 만난 첫사랑에게 지금도 변함없이 헌신하는 젠슨 황의 사랑은 AI 연구개발에 대한 그의 꾸준한 의지와 닮아 있습니다. 하루 종일 실험실에서 함께 연구를 하던 동료가 평생의 반쪽이 되다니, 사랑과 사업에 대한 그의 확고한 의지는 훗날 엔비디아가 성공할 수 있었던 중요한 원동력이었습니다.

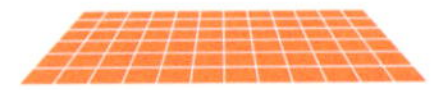

젠슨 황의 연애사는 매우 단순해 여자 주인공은 늘 한 사람이었고, 열일곱 살 이후에는 다른 이성의 이름도 전혀 등장하지 않아요. 평생 한 사람만을 사랑한 거죠! 젠슨 황과 아내 로리 밀스 황의 러브 스토리는 행복한 결말을 맞아 결혼에 골인했고, 예쁜 아들딸을 하나씩 낳았답니다. 뉴스 화면에 등장하는 젠슨 황 가족의 소탈한 모습과 남편의 뒤를 따르며 그의 표정 하나하나를 사랑스럽게 보고 있는 로리의 은은한 미소를 보면 그들 가족이 얼마나 깊은 사랑으로 서로를 지켜주는지를 알 수 있습니다.

평생 한 사람만 사랑하다는 건 결코 쉬운 일이 아니에요. 이공계 전공의 엔지니어들이 연애에 서툴다는 고정관념을 젠슨 황이 실제로 증명하고 있는 걸 수도 있고요. 최근 인기를 끌고 있는 챗GPT는 다양한 분야에 응용이 가능해 직장인들의 보고서 작성이나 학생들의 숙제에 도움을 주는 것 외에도 적지 않은 사람들의 연애 카운슬러로 활약하기도 합니다. 여러분도 좋아하는 친구의 마음이 궁금해 챗GPT에게 고민 상담을 해본 적이 있지 않나요?

젠슨 황이 태어났을 무렵에는 컴퓨터 발전이 막 싹을 틔우던 때라 소프트웨어의 폭넓은 활용은 먼 훗날의 이야기였어요. 1958년, 최초의 집적회로가 발명되고 이듬해인 1959년, 훗날 인텔을 공동 창업하게 되는 로버트 노이스가 실리콘 기반의 집적회로를 독자적으로 개발했습니다. 1960년대에 들어서면서 트랜지스터를 사용한 2세대 컴퓨터가 본격적으로 보급되었고, 1964년부터 1970년대 초까지는 집적회로를 대규모로 활용한 3세대 컴퓨터가 등장했지요. 1977년, 애플에서 개인용 마이크로컴퓨터를 출시하며 가정과 학교에서의 컴퓨터 보급을 확산시켰습니다. 1991년에는 마이크로소프트가 멀티미디어 PC 규격을 시장에 선보이며 음성·영상 기능을 통합한 개인용컴퓨터 시대가 본격화되었습니다.

당시 프로세서는 최소 80286/12 MHz(이후에 80386SX/16 MHz로 증가)였고, 일반적으로 CD-ROM 드라이브를 장착하고 있었는데요. 그때 사람들은 이 작은 CD-ROM이 생활과 업무에 가져다준 편리함에 흠뻑 빠져들었답니다. 당시 컴퓨터 연구

개발에 참여했던 엔지니어들이 빠르게 발전하는 컴퓨터공학 사업과 연구 개발에 얼마나 많은 열정을 쏟아부었을지 상상이 되지 않나요?

1979년, 열여섯 살이었던 젠슨 황은 중학교를 졸업하고 부모님과 함께 오리건주로 이주해 알로하고등학교(약 1,800명의 학생 중 백인 48퍼센트, 아시아계 4퍼센트, 오리건주 학교 순위 약 34위)에 입학했는데요. 엘리트적인 분위기와는 거리가 있는 학교라 월반을 하게 된 젠슨 황은 두 학년을 월반했고, 아직 미성년자였던 그는 다른 학교로 전학을 가야만 했죠. 그곳에서도 뛰어난 성적을 얻은 그는 다른 학생들을 가르치며 몇몇 친구들과 우정을 쌓을 수 있었어요.

젠슨 황이 고등학교와 대학교에서 한창 학업에 집중했던 시절은 마침 컴퓨터가 빠르게 발전하고 있던 1980~1990년대였답니다. 그는 오리건주립대학교에서 전기공학 학사학위를, 스탠퍼드대학교에서 전기공학 석사학위를 땄는데요. 고등학교 이후 젠슨 황이 선택한 전공을 보면 그가 얼마나 컴퓨터 기술과 기계 세계에 몰두한 IT 직진남이었는지를 알 수 있습니다.

그런 젠슨 황도 오리건주립대학교를 다니던 열일곱 살에 첫사랑을 만나게 됐는데요. 상대는 바로 당시 열아홉 살이었던 로리였습니다. 두 사람은 같은 과 실험실 동료였는데, 젠슨 황은 주말이면 "우리 같이 과제 할래?"란 말로 그녀에게 데이트 신청을 하곤 했지요. 그리고 6개월 뒤, 두 사람은 본격적인 연애를 시작했어요. 창업에 대한 꿈과 다양한 IT 솔루션으로만 머릿속이 가득했던 젠슨 황이 핑크빛 첫사랑에 빠져 로리를 평생 함께할 동반자로 점찍은 것은 그녀의 진실되고 소탈한 성격 때문이었지요.

IT 업계에서는 가장 앞서가는 리더인 젠슨 황이지만 그는 지금도 아내와 가족을 위해 손수 요리하며 변치 않는 평생의 사랑과 신뢰를 지키고 있답니다. 이 한결같은 애정은 AI에도 적용돼 젠슨 황은 멈춤 없이 용감하게 모두를 미래의 세상으로 이끌고 있어요.

흥미로운 점은 좋은 남편이자 아버지, 아마추어 요리사 이미지를 지닌 젠슨 황이 엔비디아 CEO로서 제품을 마케팅할 때도 창의적인 아이디어에 자신의 재능을 적절히 결합한 퍼포먼스를 보여준다는 것입니다. 언젠가 그는 실제 자신의 주방에서 오븐을 열어 새로운 그래픽카드를 꺼내 선보인 퍼포먼스를 펼친 적도 있어요. 또한 2024년 연말에는 오븐에서 또 한번 신제품인 생성형 AI 슈퍼컴퓨터를 꺼내 보이기도 했답니다. 당시 젠슨 황은 이런 농담을 하기도 했어요.

"너무 오래 구워서 크기가 줄어들었나 보군요."

이 제품의 이름은 '젯슨 오린 나노 슈퍼'로, 가격은 249달러(약 36만 원)인데요. AI 애플리케이션을 실행할 수 있는 컴퓨터로, 가격이 이전 세대 제품의 절반이라 더 많은 고객들과 소규모 회사들을 겨냥한 제품이죠.

휴대가 가능한 엔비디아의 이 소형 컴퓨터는 주로 로봇과 산업자동화시스템 혹은 다른 하드웨어 개발자들이 데이터센터에 연결할 필요 없이 직접 AI 컴퓨팅을 실행할 수 있게 합니다. 본래 엔비디아의 핵심 사업은 대기업과 AI 스타트업을 주요 고객으로 하고 있는데요. 젯슨 시리즈의 컴퓨터는 보다 폭넓은 사용자를 목표로 하고 있습니다. 소규모 회사도 이 저비용 장치를 활용해 AI 기능을 결합한 제품을 개발할 수 있게 된 겁니다. 특히 이 초소형 기기는 다양한 딥러닝 학습 애플리케이션에 적합하며, 대규모 언어 모델[•]을 손쉽게 처리할 수 있어 로봇 기술과 AI 엣지컴퓨팅^{••}의 혁신을 이끌고 있습니다. 이 제품으로 많은 업계 인사들의 호평을 받은 젠슨 황은 다시금 과학기술의 최전선에서 한발 더 나아가 AI 애플리케이션의 폭넓은 대중화를 위한 새로운 이정표를 세웠답니다.

'젠슨 황이 오븐에서 꺼낸 신제품: 엔비디아의 소형 생성형 AI 컴퓨터 젯슨, 합리적인 가격으로 고객에게 다가서다'라는 내용을 담은 영상은 SNS와 뉴스를 통해 널리 보도됐고, 다시 한번 세상에 깊은 인상을 남겼어요. 젠슨 황의 이런 모습, 정말 근사하지 않나요? 이는 전 세계를 목표로 하면서도 야시장 방문을 즐기고, 아내와 가족을 한결같이 사랑하는 젠슨 황이기에 가능한 일이 아닐까 합니다.

식당에서 배운 겸손과 책임감

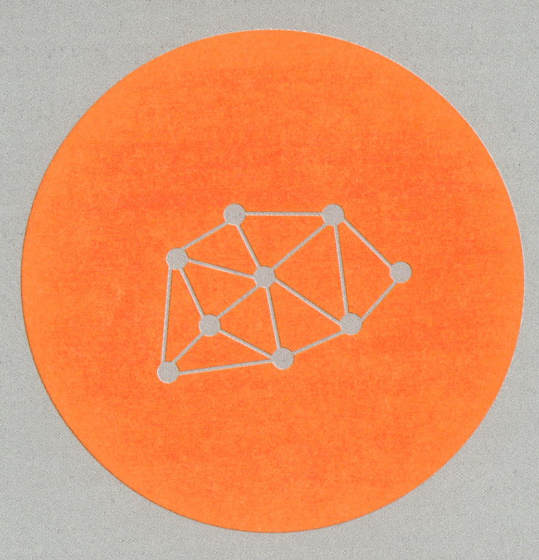

설거지 아르바이트생에서

AI 리더가 되기까지

접시 닦이 아르바이트를 하던 청소년기부터 카페에서 친구들과 창업을 꿈꾸던 20대까지, 누가 어린 시절의 꿈은 이루어지지 않는다고 했던가요? 아시아계 소년이 자신의 꿈을 이루기 위해 최선의 노력을 기울일 수 있었던 것은 미국의 개방적인 분위기 속에서 성장했기 때문만은 아닙니다. 자신의 꿈을 위해 몸을 낮추고 밑바닥에서부터 시작했기에 아이비리그의 후광 없이도 일찍부터 좌절에 맞서는 용기와 의지를 키워 끝내 자신만의 영역에서 빛을 발할 수 있게 된 거예요!

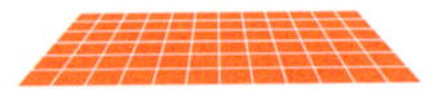

젠슨 황은 아주 일찍부터 사회생활을 시작했어요. 열다섯 살 때부터 식당에서 접시를 나르는 웨이터로 일한 그는 기자들에게 이런 농담을 던진 적이 있어요.

"제게 하찮은 일은 하나도 없었어요. 설거지며 화장실 청소도 많이 해봤답니다. 아마 여기 계신 여러분 모두의 경험을 합친 것보다 많이 했을지도 모릅니다."

젠슨 황은 일찍이 미국 사회에서 받은 영향에 대해 언급하기도 했어요. CNN과의 인터뷰에서 그는 엔비디아의 향후 발전 가능성에 대해 강한 자신감을 드러냈는데요. 이때 CNN은 전 세계에 영향력을 미치는 AI 리더도 과거에는 미국에서 설거지 아르바이트를 한 적이 있다고 설명했어요. CNN 아나운서는 이렇게 덧붙였죠.

"1993년, 패밀리 레스토랑에서 창업을 꿈꿨던 세 사람은 처음에 그저 컴퓨터게임을 더 좋게 바꾸고 싶었을 뿐입니다."

젠슨 황은 열다섯 살이 되던 해에 오리건주 포틀랜드에 있는 패밀리 레스토랑 '데니스'에서 첫 일자리를 얻었어요. 본래 감정 표현이 적었던 그는 이때의 경험을 통해 수줍음을 벗고 낯선 사람과 자연스럽게 소통하는 법을 배웠답니다. 실리콘밸리의 유명 인사들이 차고에서 첫 창업을 시작한 것과 달리 엔비디아의 CEO 젠슨 황은 레스토랑에서 창업의 꿈을 키웠어요. 훗날 그는 창업에 큰 영향을 줬던 이 레스토랑을 다시 방문해 많은 사람의 환영을 받았습니다.

자신의 첫 일자리에 대한 애정이 대단한 젠슨 황은 그때를 떠올리며 "나보다 손님을 잘 응대하는 사람이 없었다니까요"라고 유머러스하게 말하기도 했어요. 그러면서 젊은이들에게 인생 첫 일자리로 식당을 추천했지요. 왜냐하면 '그곳에서는 겸손과 열심히 일하는 법, 다른 사람에게 친절히 대하는 법을 배울 수 있기' 때문이었지요.

사실 젠슨 황은 집안 형편이 좋은 편이었어요. 하지만 부모님은 그에게 어려서부터 독립심을 키워야 한다고 가르치셨답니다. 1972년, 젠슨 황은 형과 함께 켄터키주에 있는 기숙 초등학교에 다니게 됐는데요. 학비와 기숙사비는 평범한 수준이었지만 대부분의 학생들이 기숙사비를 조금이라도 줄이기 위해

교내 아르바이트를 했어요. 젠슨 황은 기숙사 3층의 화장실 청소를 맡았죠. 이런 아르바이트 경험은 젠슨 황에게 어려서부터 열심히 일하며 자신의 생활을 스스로 꾸리는 책임감과 고객을 대하는 겸손한 태도를 키워주었답니다.

특히 식당에서 아르바이트를 한 경험은 젠슨 황에게 좌절에 맞설 줄 아는 능력을 길러줬어요. 사실 식당 일은 여러 손님을 한꺼번에 응대하고 주문을 받아야 하다 보니 실수를 저지르기 쉽고, 그럴 때는 고객의 불평을 피할 수가 없지요. 고객이 오해를 하거나 음식을 준비하는 과정에서 실수가 생기기도 합니다. 쉽지 않은 상황에서도 젠슨 황은 고객을 응대하는 일부터 시작해 눈앞의 일을 잘해내야 한다는 책임감과 맡은 일에 최선을 다하는 성실한 태도를 키울 수 있었습니다. 내 뜻대로 통제할 수 없는 혼란 속에서도 최선의 돌파구를 찾아야 한다는 사실을 깨달았어요.

2009년, 젠슨 황은 모교인 오리건주립대학교 졸업식에서 후배들을 위한 축사를 통해 자신은 첫 일터였던 레스토랑을 무척 사랑하며, 그때의 경험이 그의 인생에서 첫 번째 중대한 전환점이었다고 강조했습니다. 어린 시절 그는 문제아들이 많은 학교에서 버텨내고, 식당에서 설거지를 하며 다양한 부류의 사람들과 교류할 수 있었는데요. 이때의 경험이 그에게 겸손과 성실함을 가르쳐주었다고 믿어 의심치 않았어요.

"지금 당신이 하는 일이 어쩌면 당신의 인생에서 매우 중대한 돌파구일지도 모릅니다."

식당 아르바이트생에서 IT 기업의 CEO가 된 젠슨 황은 자신에게 그럴싸한 경력이 없음을 당당하게 인정했어요.

"저는 타고난 재능도 없을뿐더러 값비싼 아이비리그 교육도 받지 못했습니다. 그렇다고 남들처럼 대단한 야망이 있었던 것도 아니고요."

하지만 그는 앞서 말한 모든 것들이 성공의 필수 조건은 아니라고 생각했어요. 그보다 중요한 것은 지금 내가 하고 있는 일을 사랑하고, 그 일에 온 힘을 다하는 것이니까요. 어쩌면 훗날 지난 삶을 되돌아봤을 때 바로 오늘이 인생에서 가장 중요한 전환점이었다는 걸 깨달을지도 모릅니다.

젠슨 황은 대학을 졸업하고 줄곧 실리콘밸리에서 일했는데요. 처음에는 AMD라는 반도체 회사에서 마이크로프로세서 설계 엔지니어로 일했고, 이후에 LSI 로직으로 자리를 옮겨 엔지니어는 물론이고 마케팅과 일반 관리팀에서 경력을 쌓았어요. 그러는 동안 저녁에는 스탠퍼드대학교에서 석사 공부를 했는데, 그곳의 학업 환경이 창업에 큰 힘이 되었다고 해요.

젠슨 황은 엔비디아를 창업하기 전에 한 번도 사업을 한 적이 없었어요. 그래서 사업 계획서를 쓰기 위해 서점에서 창업과 관련된 참고서를 샀죠. 하지만 그 책은 겨우 4장까지밖에 읽지 않았다고 해요. 빠르게 변화하는 환경에서 계획서보다 중요한 것은 실행력이라고 믿었거든요. 젠슨 황은 현실적이면서도 자신이 직접 겪은 다양한 경험을 바탕으로 꿈을 쌓아 올리고 용감하게 모험에 나서며 자신의 책임을 다하는 사람이랍니다.

"제가 배운 교훈은 자신의 '과거'를 잘 경영해야 한다는 겁니다. 레스토랑에서 설거지 담당일 때 저는 최선을 다해 설거지를 했고, 그 뒤 비로소 정식 웨이터로 승진할 수 있었거든요."

그의 태도는 지금의 청소년들이 사회생활을 할 때도 분명 좋은 본보기가 될 것입니다.

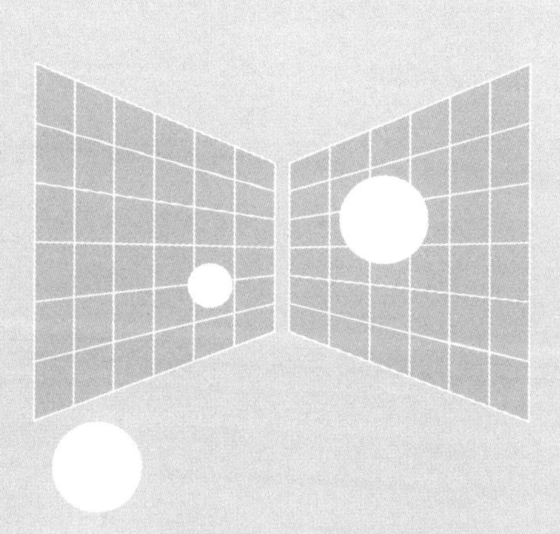

2

도전과 돌파

가족의 사랑이 내어준 성공의 길

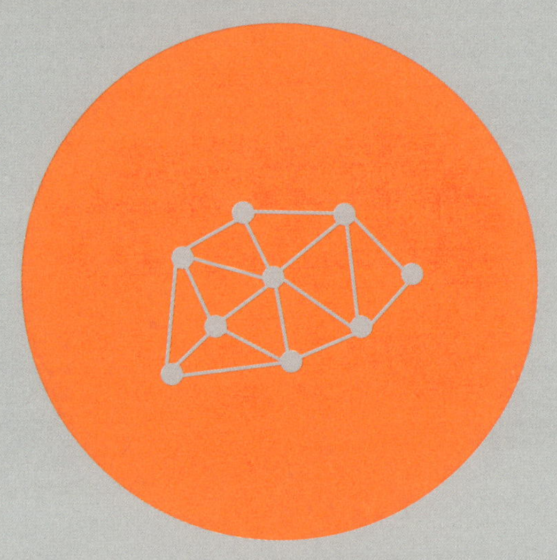

타이완 소년의 아메리칸드림,

부모님의 선견지명과 교육이 그의 평생에 미친 영향

AI 황제는 자신이 어디에서 왔는지를 한 번도 잊은 적이 없습니다. 타이완 소년이었던 그는 "저는 부모님이 꾸신 꿈의 산물이었답니다"라며 지난날을 떠올렸어요. 두 형제를 키운 부모님이 뒤에서 그들을 있는 힘껏 돕지 않았다면 어떻게 오늘날 엔비디아가 있을 수 있었을까요? 부모님은 동서양 문화의 특징을 골고루 받아들이되 반드시 착하고 성실해야 한다고 아들에게 가르쳤습니다. 이를 통해 다져진 그의 끈기와 유연성은 변화무쌍한 글로벌 경쟁 사회에서 남다른 무기가 되었답니다.

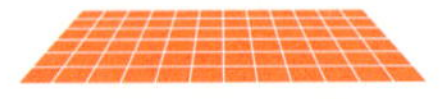

젠슨 황은 종종 화면에 등장해 영어와 중국어, 타이완어를 섞은 말과 밝은 태도로 전 세계 사람들의 눈길을 끌곤 합니다. 그때마다 그는 자신의 뿌리를 잊지 않고 자신은 타이완에서 온 '타이완 소년'이었다고 당당히 이야기합니다.

과거 해외 언론과의 인터뷰에서 그는 보통 다음과 같이 소개됐어요. '타이완계 미국인 억만장자 젠슨 황, 그의 회사는 AI와 컴퓨터게임, 자율주행차 기술 솔루션 분야에서 선두를 달리고 있다'. 이렇게 전 세계 AI 산업계를 이끌고 있는 핵심 인물이 동양인의 얼굴에 미국 국적을 갖고 있을 경우, 대체 어떤 배경과 인연이 지금의 그를 만들었는지 궁금해할 수밖에 없지요. 좀 더 정확히 말하면, 아시아인인 젠슨 황이 과거 서양 국가들이 주도했던 IT 산업에서 어떻게 두각을 드러냈으며, 앞으로의 AI 혁명과 새로운 세계를 어떻게 이끌어갈지 궁금해지는 것입니다.

젠슨 황은 자신이 바로 '부모님이 꾸신 꿈과 바람의 산물'이었다고 이야기한 적이 있는데요. 조기 유학생이었던 그가 일찍이 영어 실력을 닦을 수 있었던 것도 교사였던 어머니의 가르침이 있었기 때문이었답니다.

타이베이에서 젠슨 황이 자주 가는 미용실의 미용사는 언론과의 인터뷰에서 2017년에 자신의 미용실을 방문한 젠슨 황과 인연을 맺은 뒤 지금은 친구가 되었다고 말했어요. 젠슨 황뿐만 아니라 그의 어머니도 이 미용사에게 들러 머리를 잘랐다고 해요. 머리를 다듬으며 대화를 나누다 AI 리더의 성장 과정에 대해 이야기했는데요. 자신이 두 아들을 미국에서 어떻게 공부시켰는지, 교육에 앞서 아이들에게 얼마나 인격의 중요성을 강조했는지를 이야기했답니다. 젠슨 황에게 어려서부터 '착하고 성실하며 가족을 사랑해야 한다'고 가르쳤다고 해요.

동양에서는 흔히 아이에게 '열심히 공부해라', '정직하고 성실해라'라고 가르치는데, 젠슨 황 어머니의 교육 방식도 이와 같았던 거예요. 본인은 영어를 썩 잘하지 않았지만 매일 어린 젠슨 황과 형을 앉혀두고 함께 공부를 했다고 해요.

"우리가 꿈을 좇던 시절, 어머니는 저희에게 영어를 가르쳐주시며 미래를 준비하게 하셨어요."

어머니가 영어를 가르치던 방식을 젠슨 황은 이렇게 기억하고 있었어요.

"그때 우리는 영어를 전혀 몰랐는데 어머니는 매일 사전에서 아무 단어나 골라 저희에게 철자를 적게 하셨어요. 어머니 자신도 그 영어 단어들을 잘 알지 못했고, 저희가 정확한 발음으로 읽는 건지도 잘 모르셨지만요."

어머니의 이러한 영어 교육 방식은 실용성과 성실함을 중시하는 젠슨 황의 태도에 큰 영향을 미쳤어요. 어머니의 교육을 통해 그는 모든 것이 불확실한 미래를 위해 충분히 준비해야 한다고 생각하게 됐죠. AI 전문가로서 어려운 문제가 닥쳤을 때 항상 실용적으로 해결하려 하는 젠슨 황의 방식은 어려서부터 키워온 성실함과 무엇이든 미리 대비하는 자세에서 비롯된 것이라 할 수 있어요.

젠슨 황은 한 인터뷰에서 엔비디아의 창업 초기를 이야기하며 당시 많은 어려움과 좌절을 겪었다고 했어요. 그럴 때면 예전 직장의 상사에게 조언을 구했다는데요. 뜻밖에도 상사는 그에게 엄청난 질책을 퍼부었어요. 그러면서도 세콰이어캐피털의 창립자이자 실리콘밸리 벤처캐피털의 대부라 불리던 도널드 발렌타인에게 전화를 걸어 젠슨 황을 추천했다고 해요. 그가 최고의 직원이었다고 추켜세우면서 말이에요. 젠슨 황은 자신의 끈질긴 업무 태도를 예전 상사가 높이 평가해 훗날 좋은 기회를 얻은 것이 아닐까 회상했어요.

젠슨 황은 자신과 형이 머나먼 미국의 조기 유학생이 되어 동서양 문화의 충돌을 경험하면서 결국 서양의 개방적이고 다양성을 인정하는 사고방식과, 동양의 스스로를 채찍질하는 정신을 모두 갖추게 된 것은 부모님의 많은 희생이 있었기에 가능한 일이었다고 말하기도 했어요.

"아버지의 꿈과 어머니의 기대가 우리를 이 자리에 오를 수 있도록 이끌었답니다."

인종의 용광로라 불리는 미국에서 아홉 살부터 갖은 고생을 하며 공부하고, 살아남고자 애쓴 덕분에 젠슨 황은 훗날 세계 최고 수준의 AI 산업에 진출해 성공을 거두고 정상을 지키려는 강인한 마음가짐도 가질 수 있게 된 겁니다. 그의 이런 끈질긴 의지와 노력은 시가총액 세계 1위 기업 엔비디아와 미래의 산업과 경제에 미칠 엄청난 영향력이란 대가로 돌아왔습니다.

언론보도에 따르면 젠슨 황은 대학을 졸업한 뒤 첫 번째 정규직으로 지금의 경쟁사인 AMD에서 일하게 됐는데, 1년 만에 이직을 했어요. 당시 AMD는 아직 인텔의 그림자에 가려 있던 터라 그는 반도체 설계 전문 회사인 LSI 로직으로 자리를 옮겨 8년 동안 근무했답니다. 실용성과 성실함을 겸비한 그의 노력은 개인의 실력을 중시하는 미국 기업에서 결실을 맺었습니다.

미국의 한 교수는 오늘날 젠슨 황이 이룬 성취에 대해 다음과 같이 평가하기도 했어요.

"젠슨 황이 첨단기술산업에서 두각을 나타낼 수 있었던 것은 그가 동서양의 문화적 특성을 모두 갖추고 있었기 때문입니다. 다시 말해 서양의 유연성과 동양의 성실성, 서양의 자신감과 동양의 겸손함, 서양의 경쟁 정신과 동양의 협동 정신 등이 조화를 이룬 결과인 것이지요. 만약 젠슨 황이 타이완에서만 자랐다면 절대 미국인의 특성을 갖출 수 없었을 겁니다. 물론 동양적 특성만을 갖춘 젠슨 황도 똑같이 성공할 수는 있지만 다른 영역에서, 다른 방향으로 성공을 거뒀겠지요."

어쩌면 이것이 동서양 문화 속에서 튼튼하게 자라나 오늘날의 뛰어난 성공을 거둔 젠슨 황에 대한 최고의 평가일지 모릅니다.

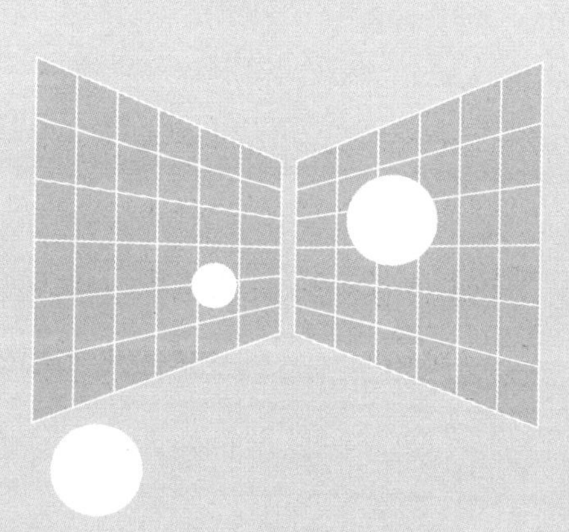

미국과 중국의 충돌 속
기회의 땅, 타이완

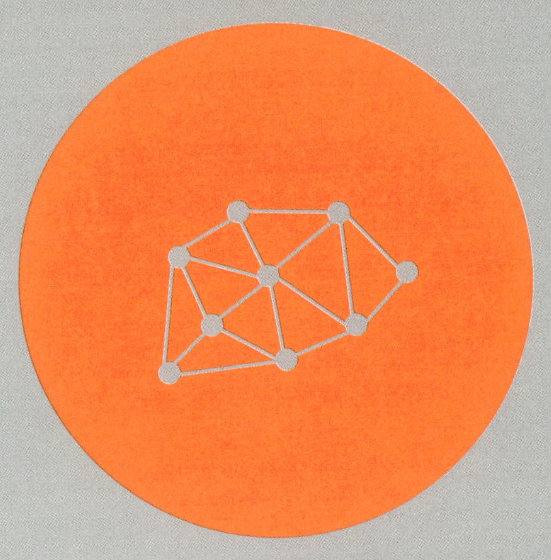

실용 정신으로 무장한 채 겹겹의 고난을 뚫고

침착하게 강적들의 협공에서 두각을 드러낸 젠슨 황

과학기술의 발전과 경쟁에도 나라와 나라 사이의 대립이 숨겨져 있게 마련입니다. 그렇다면 어떻게 해야 국제적 경쟁 속에서 여러 포위망을 뚫고 자신의 우세를 지켜낼 수 있을까요? 현재 젠슨 황은 안정성과 본분을 지키는 일에 집중하고 있는데요. 나날이 발전하는 AI 산업은 관련 산업망이 팽창하고 있음을 뜻하기도 합니다. 전력 공급 문제와 동종 업계의 과열된 경쟁은 엔비디아와 젠슨 황을 시험하고 있지요. 그럼에도 자신의 뿌리를 잊지 않은 젠슨 황은 여전히 자신을 지지해 주는 타이완 공급망 파트너들에게 감사하고 있답니다.

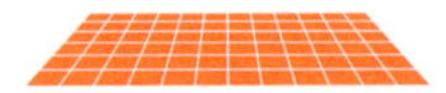

최근 엔비디아의 주가는 잦은 변동을 보이고 있습니다. 국내외 주식시장에서 주가가 오르락내리락하는 것은 흔히 있는 일인데요. 이를 보면 과학기술계는 물론이고 나라 간의 힘겨루기를 떠올리지 않을 수 없어요.

젠슨 황은 어려서부터 중국과 서양 양쪽의 협공에서 살아남기 위해 노력해야 했습니다. 실제로 미국과 중국의 기술 전쟁이 최근 몇 년 사이에 심화되면서 미국은 지속적으로 중국에 대한 AI 칩 수출 제한을 확대해 왔습니다. 중국 정부도 미국에 맞서기 위해 반도체산업의 규모를 확대하고, 중국 기업들에 엔비디아의 AI 칩이 아닌 중국에서 생산된 AI 칩을 구매할 것을 권고했어요.

또 중국 AI 스타트업 딥시크가 2025년 1월 고성능 저비용의 AI 대형 모델을 출시하자 IT 업계의 거물급 회사들, 그중에서도 엔비디아는 엄청난 타격을 받았습니다. 1월 말 엔비디아의 주가는 17퍼센트나 폭락하기도 했죠. 일론 머스크가 10만 개의 엔비디아 GPU를 탑재한 '지상 최강 AI' 그록3를 공개했다는 소식이 외신을 탄 뒤에야 엔비디아의 주가는 '딥시크 위기'를 이겨내고 제자리를 찾을 수 있었답니다.

2025년 2월 17일, 전 세계 최고 부자인 일론 머스크가 경영하는 AI 스타트업 xAI가 '지구상에서 가장 똑똑한 AI'라며 출시한 그록3 언어 모델은 제미나이, 딥시크, 챗GPT 같은 경쟁 상대들을 훨씬 뛰어넘는 성능을 선보였습니다. 특히 그록3는 사전 학습 122일 동안 10만 개의 GPU가 투입됐으며, 이후 92일 만에 20만 개의 GPU로 전면 업그레이드됐어요. 또한 앞으로 GPU의 숫자가 100만 개까지 확대될 가능성이 있답니다. 엔비디아의 CEO 젠슨 황은 xAI의 구축 및 학습 속도를 '슈퍼맨'에 비유하며, 이런 성과를 낼 수 있는 사람은 일론 머스크뿐이라고 치켜세웠어요. 여기서 주목할 점은 딥시크가 유명세를 타면서 오히려 엔비디아의 AI칩 공급 부족 현상이 나타나고 있다는 사실입니다.

젠슨 황은 한 뉴스 인터뷰에서 엔비디아의 최우선 과제는 미국의 정책과 법규를 지키는 것이라고 밝힌 바 있어요.

"엔비디아는 미국 회사이고, 미국 정부는 당연히 우리의 성공을 바랍니다. 하지만 미국과 중국 사이에서 적절한 균형을 찾기란 결코 쉬운 일이 아닙니다."

이 말의 숨은 뜻은 미국의 회사로서 자신들은 본분을 지키면서도 스스로 해야 할 일을 하겠다는 것입니다. 이것이 바로 젠슨 황이 중국과 미국 두 큰 나라에서 살아남기 위해 지킨 핵심 원칙이랍니다.

미국에서 사업을 하다 보면 현지의 투자 환경에 적응하고 동종 업계의 치열한 경쟁을 마주해야 할 뿐만 아니라 전력 수요 문제 같은 반도체 산업 자체의 생존과 관련된 압박도 직면해야 해요. 젠슨 황은 이와 관련해 원자력에너지가 매우 이상적이긴 하지만 유일한 선택지는 아니라고 말한 적도 있어요.

"원자력에너지는 전력 공급원 가운데 하나이자 매우 훌륭한 지속 가능한 에너지원이지만 유일한 선택지는 아닙니다."

미국 최대의 원전 운영사인 콘스텔레이션 에너지는 2025년 마이크로소프트와 20년 기한의 전력 구매 계약을 맺고, 펜실베이니아주 스리마일섬에 있는 원자로를 다시 가동해 마이크로소프트에 전력을 공급하기로 했어요. 이 문제를 겨냥해 젠슨 황은 다음과 같은 뜻을 밝힌 적이 있어요.

"우리는 다양한 에너지원을 활용할 필요가 있으며, 에너지원의 가용성과 비용의 균형을 맞춰야 합니다. AI 데이터센터는 안정적이고도 많은 전력 지원이 필요하니까요.”

한발 더 나아가 젠슨 황은 AI 전력 수요 증가에 대응하기 위해 IT 업계가 데이터센터를 발전소 근처에 짓는 등 실질적 조치를 취해야 한다고 강조했어요. 또한 젠슨 황은 “전력 분야에서 공공과 민간이 협력해야 빠른 AI 발전으로 발생할 전력 문제를 효과적으로 해결할 수 있습니다”라고 주장했답니다. 산업계에 미래 AI의 발전이 전력의 효과적인 활용과 매우 큰 관련이 있음을 상기시킨 것이지요.

미국 시사주간지 《타임》은 검은 가죽 재킷을 좋아하는 이 리더를 ‘IT 업계의 록스타’라고 묘사하기도 했는데요. 그러면서 현재 IT 업계의 선두에 있는 AMD의 CEO 리사 수와 젠슨 황이 모두 타이난 출신이며 친척 관계라고 보도했어요. 리사 수는 ‘반도체의 여왕’이라 불리며 전 세계에서 가장 많은 연봉을 받는 여성 CEO입니다. 리사 수의 외할아버지와 젠슨 황의 어머니는 나이 차이가 많이 나는 친남매 사이랍니다. 다시 말해 리사 수가 젠슨 황의 5촌 조카인 것이죠. 두 사람의 나이는 젠슨 황이 리사 수보다 고작 여섯살 많을 뿐이지만요. 젠슨 황은 평소 엔비디아의 홍보와 더불어 적극적으로 자신의 출신을 알렸는데요. 그는 GPU가 AI 혁명을 이끌어 엔비디아를 전 세계에서 가장 값비싼 회사 가운데 하나로 만들었다고 말하면서도, 오늘날 엔비디아의 성공은 타이완 반도체산업의 협력이 있었기에 가능했다고 세계를 향해 밝히곤 했습니다.

젠슨 황은 엔비디아가 인생의 전환점마다 끊임없이 자신을 새롭게 만들었다고 강조했어요. 2024년 6월, 그는 국립타이완 대학교에서 연설을 통해 졸업생들을 격려하며 좌절을 새로운 기회로 여기라고 말했답니다.

"자신을 믿고, 평생 사랑할 수 있는 일을 찾으십시오. 또한 걸음을 멈추지 않고 삶의 균형을 찾을 줄 알아야 합니다."

그는 이 연설에서 다음과 같이 언급하기도 했어요.

"타이완은 엔비디아의 매우 소중한 파트너들이 모여 있는 곳으로, 엔비디아의 모든 것은 여기에서 시작됐습니다."

타이완은 젠슨 황을 키운 요람 가운데 하나였어요. 2024년 타이베이에서 개최되는 국제컴퓨터박람회인 컴퓨텍스에서 그가 "타이완은 이름 없는 영웅처럼 보이지만 세계를 받치고 있는 기둥 가운데 하나입니다. 감사합니다. 타이완 덕분에 우리는 AI 혁신의 여정을 계속해서 성공적이고 발전적인 산업을 만들 수 있었습니다"라고 말한 것처럼요.

먼 곳에서도 자신의 뿌리를 잊지 않은 젠슨 황은 수많은 좌절을 겪으면서도 이런 특별한 배경을 자양분 삼아 자신만의 성취와 AI 산업의 미래를 일궈냈어요. 또한 우리는 용감히 전

진하는 AI 영웅이 창조한 새로운 시대를 함께하고 있죠. 늘 감
사하면서도 노력하는 그의 모습은 모든 사람들에게 좋은 본보
기가 된다고 하겠습니다.

타고난 천재와
노력하는 영웅 사이

타고난 재능에 지칠 줄 모르는 노력을 가능하게 한

젠슨 황의 끈기

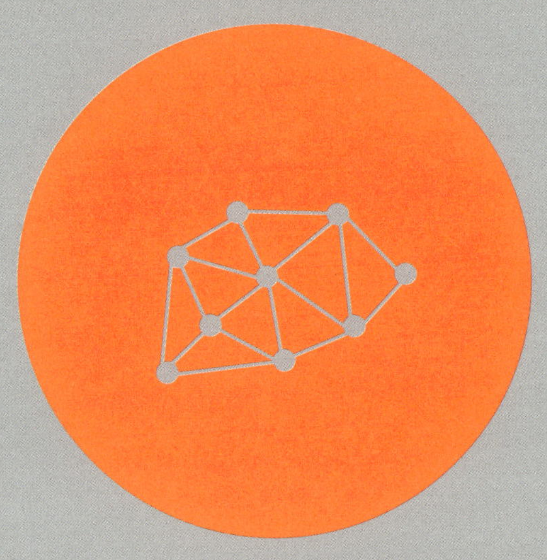

젠슨 황은 조기 유학생으로 먼 외국에서 일찌감치 갖은 어려움을 겪으면서도 AI에 대한 열정은 늘 활활 타올랐어요. 어린 시절부터 독립심을 키웠고, 어려움과 마주해서도 어떻게 해야 이 문제를 포기하지 않고 해결할 수 있을지를 고민했습니다. 이런 끈질긴 노력에 기회가 보태어져 그는 결국 꽃을 활짝 피울 수 있었지요.

AI 황제 젠슨 황의 생일이 NBA 농구 황제 마이클 조던의 생일과 같은 1963년 2월 17일이란 걸 알고 있나요? 많은 사람들이 젠슨 황은 분명 신의 선택을 받은 사람일 것이라고 떠들어댑니다. 그렇지 않고서야 어떻게 IT 업계에서 지금과 같은 벼락 스타가 될 수 있었겠느냐면서요.

누군가는 젠슨 황이 마이클 조던과 같은 '물병자리'란 사실에 주목하기도 합니다. 물병자리는 본래 외계에서 온 우주인처럼 별난 데가 있거든요. 거기다 마침 마이클 조던도 검은 가죽 재킷을 즐겨 입죠. 그 때문에 많은 사람들이 "역시 물병자리들은 다 별종이라니까!", "두 사람이 만나서 농구라도 한 판 하면 좋겠다"라고 말하기도 했답니다. 또 어떤 사람들은 "1993년, 한 사람이 은퇴를 준비할 무렵 다른 한 사람은 막 창업을 시작했다", "한 사람은 농구의 신, 다른 한 사람은 AI의 신!"이라며

두 사람의 공통점을 찾기도 했어요.

하지만 다른 나라, 다른 문화권에서 조기 유학생으로 살며 학업에 온 힘을 쏟고 갖은 어려움을 이기고 창업을 한 젠슨 황은 어린 시절 부모님으로부터 독립심의 중요성을 누구보다 철저히 교육받았어요. 그러니 훗날 그가 AI 업계의 스타가 된 것은 결코 우연이라 할 수 없지 않을까요?

서양 부모들은 자녀가 어릴 때부터 독립심을 키우는 교육을 합니다. 물론 젠슨 황의 부모님은 동양적 정서를 이어받은 분들이지만 서구적 사고방식도 갖추고 있었습니다. 당시 젠슨 황의 아버지는 외국계기업(미국 캐리어 에어컨)에서 일하고 있었거든요. 그는 서양 세계의 발전과 영향력이 아이의 미래를 바꿀 것이라고 믿었습니다. 그래서 아직 아무것도 모를 나이였던 아들을 미국의 개방적인 교육 환경에서 자라도록 한 것이지요. 물론 처음에는 어려움이 있었지만 일찌감치 길러온 독립심과 다른 문화에 적응하며 키운 강인한 성격 덕에 젠슨 황은 급변하는 IT 업계에서도 자신만의 세계를 개척할 수 있었어요. 또한 긍정적인 마음가짐과 끈기 덕분에 그는 결국 자신에게 다가온 기회를 놓치지 않고 재능을 제대로 발휘해 정상의 자리에 오를 수 있었답니다.

어느 교육학자는 말했어요.

"아이에게 일찍부터 독립심을 키워주는 것이 무엇보다 중요하며, 이는 아이들을 위한 최선의 교육 방식이다."

젠슨 황도 그의 인생에서 첫 번째 '돌파구'가 된 순간으로 학창 시절을 꼽았어요. 초등학교 시절부터 문제 학생들과 한 기숙사를 썼고, 열다섯 살 때는 패밀리 레스토랑에서 설거지는 물론이고 웨이터로 아르바이트를 했던 바로 그 경험이 그에게 겸손함과 성실함을 가르쳐주었다고요. 앞서 말했듯 그는 어린 세대에게 인생의 첫 일자리로 식당을 추천하기도 했답니다.

유럽과 미국의 부모들은 아시아의 부모들처럼 자식을 오랫동안 끼고돌지 않아요. 어린 자녀라도 집안일을 하거나 밖에서 일을 해 스스로 용돈을 벌도록 가르칩니다. 집안 형편과 상관없이 모두 그렇게 배우고 자라기 때문에 어려서부터 자기 힘으로 생활할 줄 알며, 창업을 꿈꾸기도 하지요. 실제로 적지 않은 사람들이 이미 어릴 때 다양한 분야에서 남다른 성과를 거두기도 한답니다.

캐나다에서 유학을 했던 타이완의 유명 배우 허룬동도 열다섯 살 때부터 경제적으로 독립했다고 말한 적이 있어요. 그는 캐나다에서 설거지나 잡초 제거, 버블티 만들기, 주방용 칼 판매, 심지어 화장실 청소까지 하며 돈을 벌었다고 해요. 그는 이런 말도 했답니다.

"금요일, 토요일 저녁이 가장 무시무시했어요. 피자 뷔페에 가면 접시가 산더미처럼 쌓여 있었거든요. 전 원래 밤 12시까지가 근무시간이었는데, 밀린 설거지를 하느라 새벽 2시에야 돌아갈 수 있었어요. 집에 돈이 없었던 건 아니에요. 하지만 저희 아버지는 제가 가장 밑바닥에서부터 시작하길 바라셨어요. 언젠가는 스스로 삶을 꾸리고 책임져야 하니까 미리 독립심을 배워야 한다고 생각하신 거예요. 제가 열다섯 살이 되던 해부터 아버지는 용돈을 주지 않으셨고, 학비도 직접 벌게 하셨어요."

오늘날 많은 학자들이 부모들에게 권합니다. 자녀가 편안함에 만족하기보다 부족함을 깨달을 수 있는 환경과 생활 습관을 만들어줘야 한다고요. 실제로 성공한 인물들은 대부분 꾸준한 노력과 좌절을 두려워하지 않는 마음, 매사를 긍정적으로 보는 눈을 갖고 있답니다. 스티브 잡스나 젠슨 황 같은 사람들도 처음에는 허름한 차고나 식당에서 창업을 꿈꾸다 결국 IT 업계의 일인자가 되었죠. 그들은 "뛰어난 학력이 곧 능력은 아니다", "태도가 높이를 결정한다", "기회는 준비된 사람에게 찾아온다" 같은 오래된 격언이 진실임을 몸소 증명해 낸 겁니다.

물론 젠슨 황이 이룬 성공이 단순히 외국에서 겪은 독특한 경험 덕분만은 아닙니다. 그의 혁신적인 사고방식과 리더십 스타일도 절대적인 영향을 미쳤죠. 이를테면 그의 강력한 지도 아래 엔비디아는 GPU와 AI 기술 분야에서 전 세계를 이끌고 기술혁신을 주도하며 여러 산업 분야로까지 영향력을 넓힐 수 있었습니다.

젠슨 황은 첨단 과학기술과 시장의 수요를 결합하는 데에 온 힘을 쏟아 다양한 기술의 발전을 이끌어냈어요. 그의 이런 노력은 게임업계의 면모를 바꿔놓았을 뿐만 아니라 AI, 자율주행 기술, 의료 보건 분야 등에서도 파격적인 성과를 거뒀지요.

젠슨 황이 지나온 길을 되짚어 봤을 때, 그의 성공은 결코 우연이라고 할 수 없습니다. 오히려 그는 당장의 재능에 만족하지 않고 꿈을 위해 최선의 노력을 더한 영웅이라고 해야 하지 않을까요?

다산책방
청소년 문학
홈페이지 | www.dasan.group
카페 | cafe.naver.com/dasanbookclubs
전화 | 02-704-1724
이메일 | dasanbooks@dasanbooks.com

다른 언어, 다른 세계의 존재가 되어버린
십 대들의 마음을 통역해 줄 힐링 판타지

열다섯에 곰이라니 1, 2

추정경 장편소설

경쾌하게 혹은 진지하게, 속도감 있게 혹은 면밀하게
사춘기를 겪고 있는 모든 독자에게 추천하는 소설

★원북원부산 2024 올해의 책
★대한민국 독서대회 선정도서
★2025 전라남도 올해의 책

한여름, 한양에 폭설이 쏟아진다
살고 싶다면 북쪽으로 가야 한다

빙하 조선 1, 2

정명섭 장편소설

따뜻한 땅을 찾아 떠나는 한 소년의 용기가
살아남은 자들의 따뜻한 연대를 꿈꾸는
새 도전으로

★전국 청소년 독후감대회 지정도서
★한국어린이교육문화연구원 으뜸책 선정

쉬프팅
범유진 장편소설

학교가 사라진 세계로 출발합니다

현실에서 벗어나고픈 로아와 도율은 도시 괴담과도 같은 '엘리베이터 쉬프팅'으로 평행세계에 떨어진다. 그곳은 로아가 유일하게 숨 쉴 수 있었던 공간이자 도율이 달아나고 싶었던 '학교'가 사라진 세계! 이 낯설고도 새로운 세계 안에서 로아와 도율은 진정으로 행복해지기 위한 선택의 기로에 서게 되는데….

★광주광역시 동구 올해의 책 ★아르코 문학창작기금 선정작
★충북교육도서관 추천도서

딜리트
설재인 장편소설

외고 교사 출신 작가가 그린 십 대들의 아픔과 분투

외고에 진학한 진솔은 치열한 경쟁에 시달리고, 정보고에 진학한 해수는 불확실한 진로에 흔들린다. 서로를 다독이며 하루하루를 버티던 둘은 우연히 두 학교를 연결하는 지하 통로를 발견하고 그곳에서 사라진 이름들을 마주하게 된다.

★한국출판문화진흥재단 올해의 청소년 교양도서
★한국문화예술위원회 문학나눔 선정도서 ★책씨앗 추천도서

울지 않는 열다섯은 없다
손현주 장편소설

열다섯, 인생 최대 위기가 찾아왔다!

주노의 열다섯 번째 생일날, 재개발로 모두가 떠난 동네에서 끝까지 버티던 주노네는 결국 거리로 쫓겨난다. 주노의 학교생활도 만만치 않다. 일진에게 찍혀 괴롭힘을 당하고, 뜻밖의 일로 유일한 친구 예지와의 관계마저 틀어지는데….

★세종도서 문학나눔 선정도서 ★서울시교육청 송파도서관 추천도서
★책씨앗 추천도서

개를 훔치는 완벽한 방법
바바라 오코너 장편소설

미국 전역을 울리고 웃긴 열한 살 소녀의 기상천외한 도둑질

아빠는 도망가고, 집은 사라지고, 한순간에 길거리로 나앉게 된 열한 살 소녀 조지아는 엄마, 동생과 함께 차에서 생활한다. 하루하루 평범한 생활을 동경하던 조지나는 어느 날 아침, 가족을 위해 기상천외한 '집 구하기 프로젝트'를 계획한다.

★국제도서협회 주목할 만한 책 ★미국도서관협회 올해의 책
★서울시립어린이도서관 권장도서

소원을 이루는 완벽한 방법
바바라 오코너 장편소설

상처투성이 마음을 어루만져줄 가장 사랑스러운 이야기

교도소에 간 아빠, 우울증에 걸린 엄마를 뒤로하고 외딴 시골 마을의 이모네 집에서 지내게 된 열한 살 찰리. 까칠 소녀 찰리 곁에 다가오는 사람이라고는 엉뚱 소년 하워드뿐. 그러던 어느 날 이 두 사람 앞에 떠돌이 강아지 위시본이 나타나고, 동질감을 느낀 찰리는 위시본의 가족이 되어주겠다고 다짐한다. 찰리는 무사히 위시본을 가족으로 맞을 수 있을까?

★미국도서관협회 올해의 책 ★미국어린이도서관협회 올해의 책
★미국학부모협회 페어런츠 초이스 금상 수상작

네보의 푸른 책
마논 스테판 로스 장편소설

'진짜 나'를 찾아가는 아들과 엄마의 아름다운 생존기

핵폭발이라는 대재앙적 사건 이후 웨일스의 외딴 마을 '네보'에 남겨진 엄마와 아들. 절망과 희망 사이 내밀한 감정선이 두 사람의 일기 형식으로 펼쳐진다. 살아가기 위한 고군분투뿐만 아니라 살아온 시간을 기억하는 모습을 통해 몸소 일구고 느끼며 기억하는 진정한 삶의 방식을 생각해 보게 하고, 기억하고 기록하는 한 미래를 향한 희망은 결코 흔들리지 않는다는 사실을 깨닫게 한다.

★카네기메달 수상작 ★웨일스 올해의 책 선정도서
★프랑스문학상 수상작 ★문학나눔 선정도서

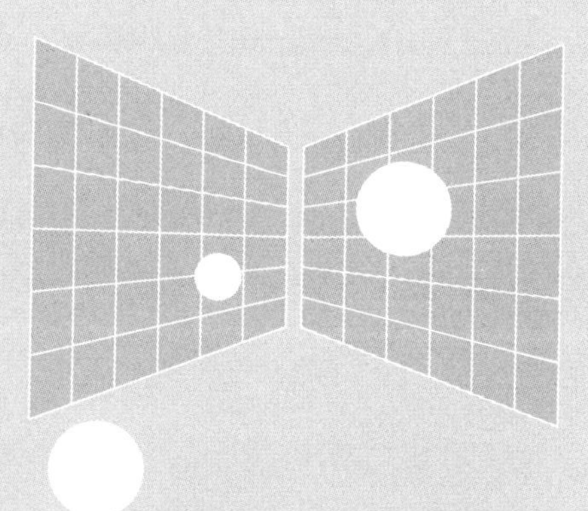

어려움은 이겨내는 것

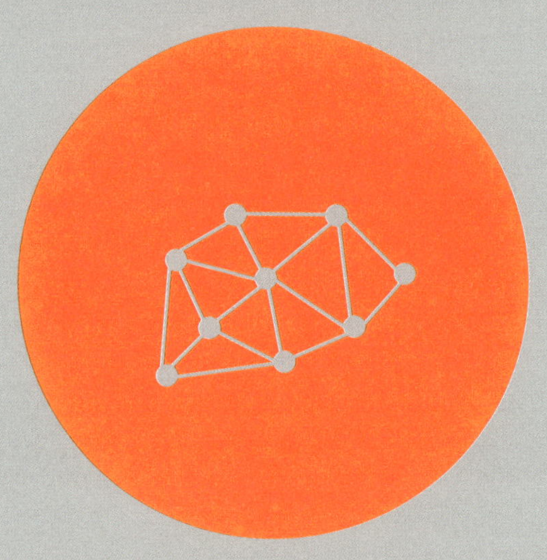

기업가에게는 무지도 신념도

일종의 초능력!

창업의 원동력이 젠슨 황 스스로 '무지'라 이름 붙인 정체 모를 힘에서 비롯됐다는 것은 지금으로서는 상상하기 힘든 일입니다. 하지만 세상에 미래가 어떻게 될지 알 수 있는 사람은 아무도 없습니다. 그럼에도 우리는 용감하게 꿈을 꾸고, 그걸 이루기 위해 노력할 뿐이죠. 처음 그의 꿈은 그저 3D 그래픽을 대중화하는 것이었습니다. 하지만 소비자들이 좋아하는 비디오게임 제품이 숨은 금맥이란 걸 깨달은 젠슨 황은 이 분야에 모든 힘을 쏟아부었고, 그것이 뜻밖에도 AI의 빠른 발전으로 이어진 것입니다. 이를 통해 그는 완전히 새로운 분야의 시작점에 서게 됐습니다.

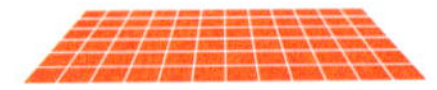

젠슨 황이 어떻게 창업의 길로 들어서게 되었는지에 대해 많은 이가 궁금해합니다. 그 엄청난 성공을 거두기까지 그를 이끈 동기와 신념은 무엇이었을까요?

2024년, 수조 달러 규모의 돈을 움직이는 젠슨 황이 엔비디아가 주최하는 세계 최대 규모의 GPU 기술 콘퍼런스인 GTC에 참석했어요. 그는 대담을 나누던 중 '평범함'이야말로 자신의 창업 여정의 시작점이었으며, 기업가에게 '무지'와' 신념'은 용감히 앞으로 나아가게 하는 일종의 초능력이라고 말했습니다.

밀워키공과대학에서 진행한 강연에서 젠슨 황은 엔비디아를 세운 초창기에는 '아무 할 일도 없는' 상태였다고 말했어요. 실제로 젠슨 황과 동료들은 점심을 먹으러 나가서 두세 시간을 보내고, 근무시간에도 잠을 자거나 게임을 했다고 해요. 남들의 눈에 그들은 한가하게 잡담이나 나누고 있는 것처럼 보였을 겁니다. 하지만 젠슨 황은 이렇게 말했어요.

"내가 백지 상태라면 뭘 해야 할까? 어떻게 시작해야 하지? 나의 첫걸음은 뭘까? 내 목표는 뭐지?"

이런 질문을 던지다 보니 자신들의 미래에 대해 더 많은 생각을 하게 됐다고 합니다.

"길고 긴 점심시간이나 저녁에 맥주잔을 기울이면서도 저와 동료들은 우리가 만들어갈 세상을 상상했고, 어떻게 하면 훌륭한 회사를 만들지에 관해 이야기를 나눴답니다."

IT 업계에는 컴퓨팅 속도가 가장 빠른 칩을 만들고 싶어 하는 사람도 있었고, 업계의 표준을 만들고 싶어 하는 사람도 있었으며, 소비자들을 겨냥한 비디오게임을 만들고 싶어 하는 사람도 있었습니다. 하지만 젠슨 황은 일찍부터 3D 그래픽을 대중화해 많은 사람이 이 기술을 사용하게 함으로써 완전히 새로운 산업의 문을 열고 싶었다고 합니다. 이를 위해 그는 실제처럼 생생한 가상 세계를 창조해 사람들의 일상을 바꾸는 것을 사업의 목표로 삼았지요.

2023년 엄청난 붐을 일으켰던 메타버스˙는 사실 대단히 새

● 웹상에서 아바타를 이용해 사회, 경제, 문화적 활동을 하는 등 가상 세계와 현실 세계의 경계가 허물어지는 것을 뜻하는 개념.

로운 개념도 아닙니다. 하지만 젠슨 황은 1990년대에 이미 미래를 내다보는 눈과 신념을 갖고 있었고, 끈질긴 노력과 시행착오를 반복한 끝에 엔비디아를 세계 최고의 기업으로 만들었답니다. 그는 스타트업 창업에 관한 경험담을 사람들과 나누며 말했어요.

"사실 제 경험은 지극히 평범했습니다."

젠슨 황은 창업 당시를 되돌아보며 자신을 비롯한 엔지니어 세 사람 모두 가속 컴퓨팅•에 대한 굳은 신념이 있었다고 말했어요. 그들의 신념대로 전체 IT 업계는 결국 변화했으나 엔비디아가 이런 혁신적인 변화를 이끌어내기까지 무려 30년의 시간이 걸렸답니다.

"아침에 눈을 뜰 때면 자부심이나 자신감이 느껴지기보다는 걱정과 염려가 늘 앞섭니다. 파산의 위기를 몇 번이나 겪었기 때문에 항상 이런 기분이 들 수밖에 없더라고요."

현재 엔비디아는 전 세계에서 가장 중요한 AI 하드웨어 기업으로 손꼽히고 있지만, 경영에 관한 한 젠슨 황은 '회사가 실패하지 않도록 모든 노력을 다하자'란 마음가짐을 언제나 품고

● 일반적인 작업은 CPU에 맡기되, 특정 연산(그래픽)은 전용 하드웨어로 처리해 전체 시스템의 성능을 비약적으로 높이는 방법.

있다고 합니다.

그는 어느 온라인 인터뷰에서 30년 전 처음 창업을 했을 때나 지금이나 가장 두려운 일은 하나라고 말했습니다.

"직원들을 실망시키게 될까 봐 두려워요. 그들이 엔비디아에 들어온 것은 저의 꿈을 믿기 때문일 테니까요."

"자신만의 최우선 원칙을 고민하고 생각할 줄 아는 사람은 다음 단계의 혁신도 이뤄낼 수 있습니다. 이건 사실입니다. 예전에 그렇게 실천한 사람이 없었다고 해서 그렇게 하면 안 된다는 뜻은 아닙니다. 오히려 이것이 바로 당신이 그렇게 해야 하는 이유이죠."

젠슨 황은 이 한마디로 창업 당시 자신이 지녔던 초심과 우직함의 가치를 증명했습니다.

젠슨 황은 엔비디아의 레이 트레이싱[*] 기술에 대해 이야기하면서 다음과 같은 사실을 지적했어요.

"GPU업계에서는 레이 트레이싱이 실현되려면 30년은 더 걸릴 거라고 했죠. 하지만 현재 엔비디아의 패스 트레이싱[**]이

●　광선 추적. 3D 그래픽에서 빛의 경로를 추적해 반사·굴절·그림자 등 광학 효과를 사실적으로 재현하는 기술.

●●　경로 추적. 실제 빛의 산란과 반사, 굴절 등 복잡한 광학적 현상을 실시간으로 시뮬레이션해 더욱 현실감 있는 그래픽을 구현하는 기술.

레이 트레이싱보다 훨씬 더 발전했답니다.”

그는 이런 말을 하기도 했습니다.

“우리는 생물학 분야에서도 같은 일을 하고 있어요. AI의 발전으로 시뮬레이션을 통해 모든 단백질과 세포의 물리적 특성을 예측하는 것이 훨씬 쉬워졌죠.”

창업했을 당시 젠슨 황은 고난에 직면해도 자신의 신념을 끝내 포기하지 않았습니다. 덕분에 엔비디아도 오늘날과 같은 성과를 거둘 수 있었던 것입니다.

젠슨 황은 언젠가 자신의 모든 신념이나 추론은 외부로부터 얻은 정보(사실)에서 비롯됐다고 말한 적이 있어요. 사실이 변하지 않는다면 우리의 신념도 바꿀 필요가 없겠지요. “세상의 모든 위대한 성과 앞에는 신앙이나 다름없는 강한 힘이 필요합니다”라고 젠슨 황은 말합니다. GPU부터 CUDA,• 영상처리, 분자동역학, 입자물리학, 유체역학까지 그가 여러 혁신적인 프로젝트들을 진행하며 갖가지 난관을 돌파할 수 있었던 것 역시 반드시 좋은 결과를 얻으리란 굳은 믿음을 갖고 있기 때문이었습니다. 엔비디아가 끊임없이 앞으로 나아갈 길을 찾던 끝

● 엔비디아가 개발한 GPU의 특정 유형을 사용해 가속화된 범용 처리를 가능하게 하는 독점적인 병렬 컴퓨팅 플랫폼.

에 딥러닝의 가능성에 주목했고, GPU 기술을 통해 그 발전을 크게 앞당겼던 것처럼요.

젠슨 황은 한 인터뷰에서 엔비디아는 매우 자신감 넘치는 회사지만 자만해서는 안 되며, 더불어 항상 위기감을 느끼되 남들이 하지 못한 더 어려운 일들을 해내야 한다고 말했습니다. 젠슨 황은 또한 이런 말도 했는데요.

"솔직히 제가 겪은 경험들은 평범하기 짝이 없습니다. 저희의 창업 스토리는 딱히 영화로 만들 만한 이야기도 아닙니다. 하지만 바로 이 평범함이 바로 우리 이야기의 가장 흥미로운 부분이 아닐까 합니다. 우리는 결국 업계 전체를 바꿔놓았고, 우리의 발걸음을 따르도록 이끌었으니까요."

이 짧은 몇 마디 말만으로도 우리는 젠슨 황이 어떻게 창업의 여정에서 수많은 어려움을 이겨내고 전 세계 AI 산업의 리더가 될 수 있었는지를 알 수 있습니다.

미국의 경제매체인 《비즈니스 인사이더》는 젠슨 황이 매일 아침 6시쯤 일어나 운동을 한 뒤 열네 시간 동안 일을 한다고 합니다. 덧붙여 이미 60세를 넘겼지만 젠슨 황은 걸음을 늦출 생각이 없어 보인다고 말했습니다.

이에 대해 젠슨 황도 자신은 평일이든 휴일이든 일을 한다고 이야기한 적이 있어요. 일을 무척이나 사랑하기 때문에 일을 하는 동안에도 늘 편안하다고 했죠.

"저는 눈을 뜨는 순간부터 잠자리에 들 때까지, 일주일 내내 일을 합니다. 심지어 일하고 있지 않을 때도 머릿속으로는 일만 생각하고 있답니다. 그래서인지 영화를 봐도 줄거리는 전혀 기억하지 못합니다."

만약 과거로 돌아가 젊은 날의 자신을 다시 만난다면 젠슨 황은 본인에게 어떤 조언을 해주고 싶어 할까요? 젠슨 황은 말합니다.

"무지도, 신념도 일종의 초능력입니다."

우리에게 닥칠 문제가 얼마나 어려운지를 아는 것은 사실 아무런 도움도 되지 않습니다. 중요한 것은 그냥 모르는 채로, 나만의 신념을 지키며 용감히 앞으로 나아가는 것입니다.

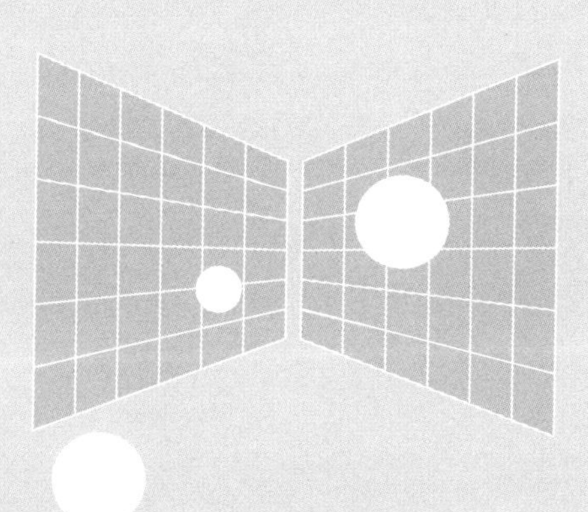

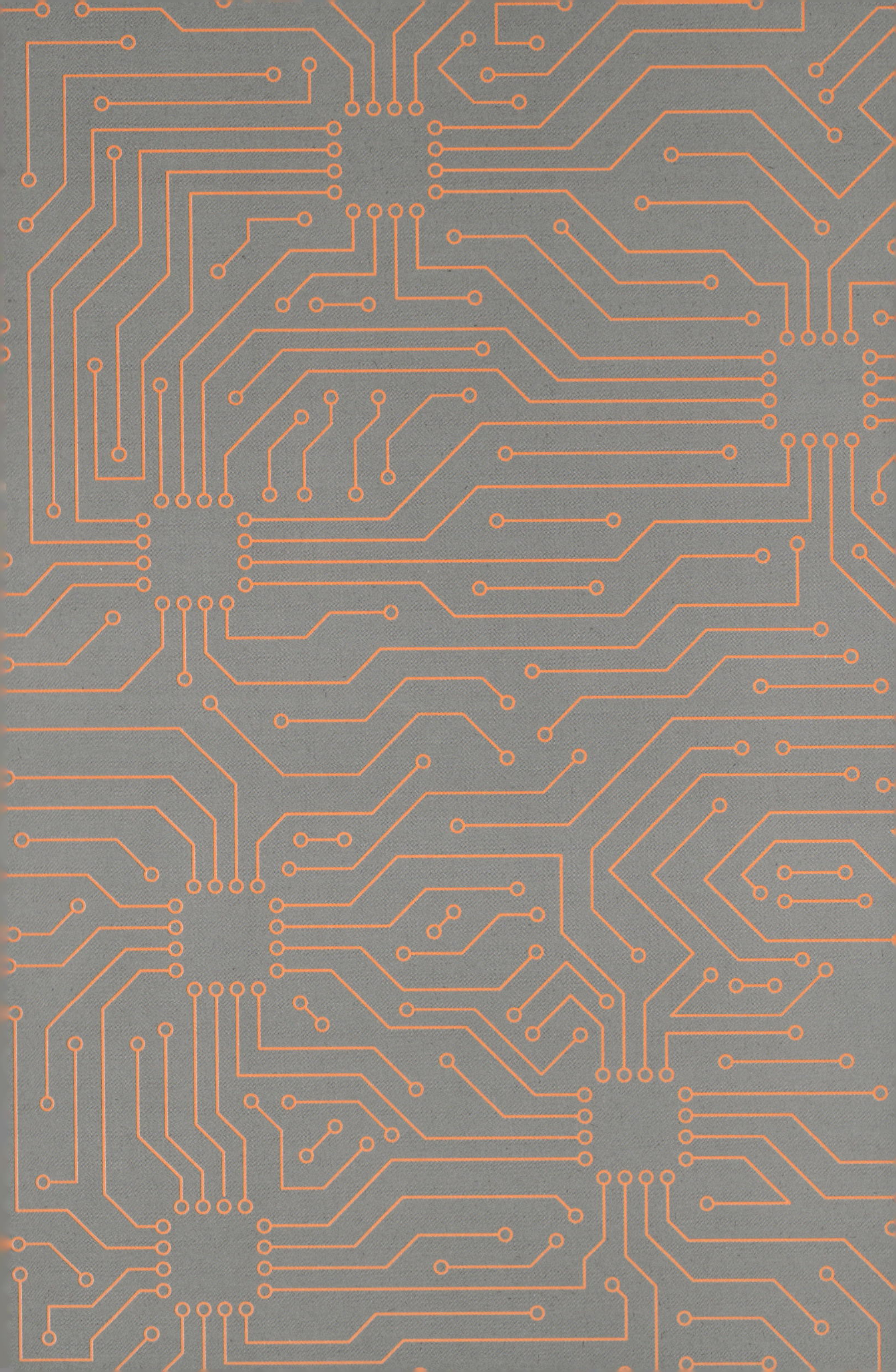

3

엔비디아의 시작

함께 성장하는 파트너십

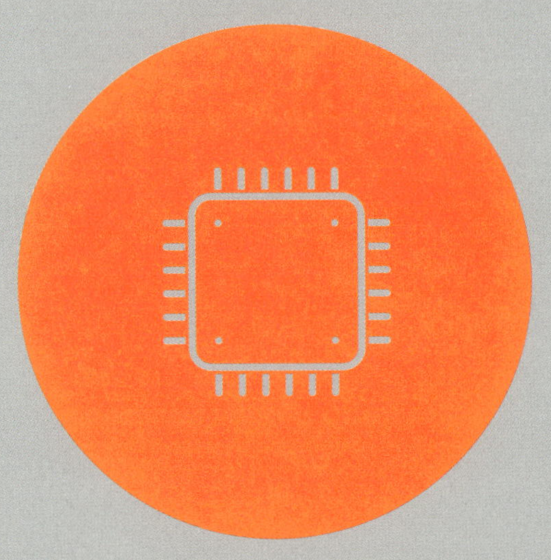

혼자서는 이룰 수 없는

성공으로 향하는 길

위대한 성취는 결코 혼자 이룰 수 있는 일이 아닙니다. 젠슨 황은 어린 시절부터 편안한 환경에서 벗어나 고난과 역경을 두려워하지 말 것을 부모님으로부터 교육받았습니다. 인종의 용광로라 불리는 미국 사회에 녹아드는 것은 결코 쉬운 일이 아니었지요. 하지만 젠슨 황은 훗날 성공을 거둔 뒤에도 과거 자신을 보살펴준 사람들을 잊지 않았습니다. 큰 나이 차이에도 굳건히 지켜온 젠슨 황과 모리스 창의 우정은 오늘날 훈훈한 이야깃거리가 됐지만, 이전에 그들이 함께 겪은 고락을 누가 다 알까요? 이렇듯 성공에는 우정과 신의를 지키는 마음도 중요합니다.

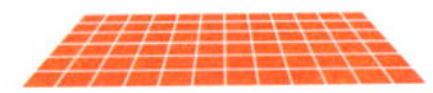

젠슨 황이 전 세계적인 성공을 거둘 수 있었던 가장 큰 이유는 어린 시절부터 꾸준히 이어온 노력과 성실히 키워온 끈기, 어려움을 두려워하지 않는 정신, 곤경 속에서 답을 찾는 자세 덕분이었어요.

어린 나이에 문화 충격과 언어의 장벽을 마주한 데다 문제 아들과 함께 지내야 했던 젠슨 황이 당시 느꼈을 두려움이 얼마나 깊었을지는 충분히 짐작할 수 있습니다. 하지만 그는 제아무리 큰 어려움이 눈앞에 닥쳐도 최선을 다해 문제를 해결하고, 삶의 난관을 돌파해 내는 강한 의지를 어릴 때부터 키웠어요.

젠슨 황은 결국 갖가지 어려움을 극복하고 시총 세계 1위 기업의 CEO가 되어 고향으로 돌아올 수 있었습니다. 누구보다 빛나는 귀향이었지만 그는 자신이 이뤄온 성공의 길에서 많은 도움을 준 타이완에 여러 차례 감사의 뜻을 표했어요. 젠슨 황에게 타이완은 성장의 뿌리일 뿐만 아니라 그 성장을 탄탄하게 지켜준 가지와 줄기라고도 할 수 있습니다.

젠슨 황은 국립타이완대학교에서 AI를 주제로 한 기조연설에서 타이완은 엔비디아의 소중한 파트너들이 모여 있는 곳으로, 엔비디아의 모든 것이 이곳에서 시작되었다고 강조했어요. 연설 현장에는 IT 업계의 거물인 폭스콘의 류양웨이 회장은 물론이고, 에이수스의 조니 시 회장 등도 모습을 드러내 젠슨 황의 연설에 귀를 기울였습니다. 이 자리에서 젠슨 황은 타이완 기업들과 함께 새로운 시대를 준비하게 됐으며, IT 기술의 발전으로 타이완이 큰 이익을 누리게 될 것이라고 이야기했어요.

"우리에게는 아직 더 해야 할 일과 노력할 일이 있습니다. 이미 우리는 지난 30년 동안 함께해 왔지만 앞으로 10년은 더 함께하게 될 겁니다."

이렇듯 젠슨 황은 과거 자신을 도왔던 파트너들을 잊지 않을 뿐만 아니라 앞으로도 그들과 손잡고 빛나는 미래를 함께하려는 것입니다.

앞으로 새로운 산업혁명이 일어날 것이라 예언한 이 기조연설에서 젠슨 황은 완전히 새로운 AI 애플리케이션과 차세대 GPU 개발 계획을 설명한 후 엔비디아와 협력하고 있는 타이완 공급망 파트너들을 소개했습니다. 그중에는 40곳이 넘는 회사와 17곳의 대학이 포함되어 있었어요.

젠슨 황은 이 명단에 있는 '미래의 스타' 대학들에 진심 어린 감사의 뜻을 전했지요. 이미 명문 학교로 유명한 곳들이지만 젠슨 황과 함께하며 훨씬 밝은 미래를 맞을 것입니다. 이 또한 AI 리더가 다음 시대를 이끌어갈 학생들에게 제시한 삶의 이정표라고 할 수 있겠지요.

젠슨 황은 자신의 뿌리인 타이완뿐만 아니라 우리나라 IT 업계와도 끈끈한 파트너십을 강조해 왔습니다. 2025년 10월, 우리나라 경주에서 개최된 아시아태평양경제협력체**APEC** 정상회의에 참석하기 전 젠슨 황은 이렇게 말했죠.

"삼성, SK, 현대, LG, 네이버 등 한국의 모든 기업이 저의 친구이자 좋은 파트너입니다. 한국을 방문할 때 한국 국민들을 기쁘게 해드릴 발표가 있을 것입니다."

그리고 10월 30일, 이재용 삼성전자 회장, 정의선 현대자동차그룹 회장과 서울의 한 치킨집에서 깜짝 회동을 가져 화제가 됐어요. 다음 날인 10월 31일에는 경주에서 이재명 대통령과 만난 후 기자회견을 통해 한국의 PC방과 e스포츠 덕분에 엔비디아가 오늘날과 같이 성장할 수 있었다며 감사의 뜻을 밝혔죠. 그러고는 전 세계적으로 품귀 현상이 빚어지는 중

인 블랙웰 GPU 26만 장을 대한민국에 우선적으로 공급하겠다
는 내용의 '한국 인프라·기술 발전 AI 이니셔티브'를 발표했습
니다.

여러분도 성공을 향해 가는 길에서 자신에게 도움을 건넨
사람들을 잊지 말고, 다른 사람들을 돕는 것도 잊지 마세요.

완벽한 CEO vs. 직원

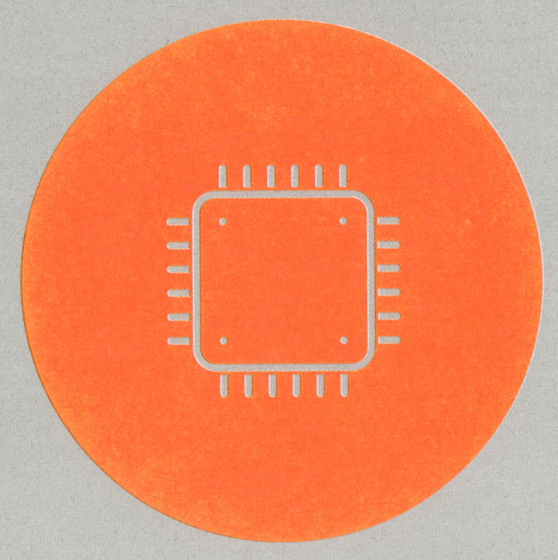

엄격하지만 따뜻한

완벽주의 CEO

함께 최선을 다한 직원들이 없었다면 젠슨 황의 성공 방정식은 완성될 수 없었을 겁니다. 그는 전형적인 완벽주의자로 스스로 동기 부여를 할 줄 아는 직원을 좋아합니다. 열정과 개척 정신이 부족한 사람은 그의 눈에 들기 어렵습니다. 하지만 휴일에는 직원들에게 직접 만든 요리를 대접하기도 하죠. 빠른 업무 실행과 높은 성과를 요구하면서도 늘 직원들에 대한 따뜻함을 잃지 않는답니다.

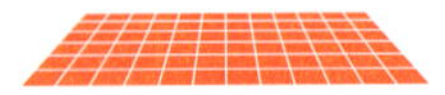

사람들은 젠슨 황이 대체 어떤 CEO일지 궁금해합니다. 현재 미국은 물론이고 전 세계에서 손꼽는 기업의 CEO이기 때문이죠. 그는 오직 성공만을 위해 내달리는 냉혹한 CEO일까요? 아니면 모든 일을 직접 해야 직성이 풀리는 완벽주의 CEO일까요?

알려진 바에 따르면, 엔비디아 입사 면접을 본 사람 중 겨우 10퍼센트만이 합격에 성공하지만 그 10퍼센트 가운데 무려 95퍼센트의 합격자가 엔비디아에 입사한다고 합니다. 실제 면접자의 증언에 따르면 엔비디아는 '행동 면접'을 진행한다고 하는데요. 간단히 설명하자면, 입사 지원자에게 과거 자신에게 닥친 난관을 어떻게 극복했는지를 묻는 것입니다.

젠슨 황이 직접 참석하는 면접은 1차 관리자와 기술 파트 중간관리자를 뽑을 때뿐이라고 합니다. 그는 이 면접에서 지원자들에게 주로 "어떤 일을 좋아합니까?", "제게 가르쳐줄 수 있는 일이 있습니까?", "살면서 경험한 가장 뼈아픈 실패는 무엇이 었나요?" 같은 질문을 한다고 해요. 그는 열정이 넘치고 개척 정신이 있는 지원자를 선호한다고 하는데, 이런 사람이야말로 스스로에게 동기부여를 할 줄 알고, 끊임없이 성장할 수 있기 때문이랍니다.

젠슨 황이 정한 업무 기준이 지나치게 높은 탓에 엔비디아 에서 근무하며 극심한 스트레스에 시달렸다는 사실을 폭로한 직원도 있었어요. 하지만 젠슨 황은 직원들에게 직접 아침 식 사를 만들어주기도 하는 등 엄격하면서도 부드러운 면모를 모 두 갖춘 상사라는 평이 많습니다.

과거 엔비디아에서 근무했거나 현재 근무하고 있는 직원들 은 젠슨 황을 '완벽주의자'라고 말합니다. 복잡한 것을 간단명 료하게 설명할 수 있는, 그들이 만나본 사람 중 가장 똑똑한 사 람이라고 하나같이 입을 모아 말했어요. 게다가 그는 워낙 아 는 것이 많아 어떤 분야든 깊이 있게 연구할 수 있는 사람이라 는 것이 직원들의 공통된 의견이었죠.

2024년 미국 CBS 방송국의 시사 프로그램 〈60분〉에 젠슨 황이 출연한 적이 있었는데요. 진행자인 빌 휘태커는 엔비디아 와 젠슨 황이 이룬 성과를 소개하면서 "당신과 일해 본 사람들의 말에 따르면 당신이 너무 까다롭고 완벽주의라 함께 일하기가 어렵다고 했다던데요”라는 말로 그를 살짝 곤란하게 만들려 했습니다.

하지만 잠시 고민하던 젠슨 황은 “아주 정확합니다”라는 말로 자신에 대한 평가에 기꺼이 동의했어요. 사실 어려서부터 서로 다른 동서양 문화와 냉혹한 현실을 경험해야 했던 젠슨 황에게 성공 전이나 후나 생존은 결코 쉬운 일이 아니었으니까요.

영국 임페리얼칼리지런던 비즈니스스쿨의 조직행동* 및 리더십 교수인 산칼프 차투르베디는 엔비디아 같은 유명 기업의 직원이 회사에 불만이 있음에도 그만두지 않고 계속 잔류하기를 선택했다면 이는 CEO 젠슨 황이 옳은 일을 하고 있다는 뜻이라고 말했습니다. 젠슨 황이 어려서부터 생존을 위해 치열하게 노력해야 했기에 경영 방식도 직원들과 업무를 강하게 통제하는 스타일로 기울었을 가능성이 높다고 분석했어요.

미국 학자들은 한때 조직행동이나 젠슨 황의 성장 배경을 통해 그의 엄격한 경영방식이 어디에서 비롯됐는지를 규명하려 했는데요. 조직행동론을 연구하는 일부 교수들도 어린 시절의

● 조직 안에서 이뤄지는 다양한 개인, 집단, 조직 차원의 행동을 연구하는 것.

경험이 리더십 스타일에 영향을 주었을 것이라고 주장했어요.

그들은 젠슨 황을 다음과 같이 표현했습니다.

"그는 그리 상냥한 상사는 아닙니다. 어린 시절 그는 온몸에 칼자국이 가득한 룸메이트와 살아야 했거든요. 아홉 살에 처음 미국에 온 그는 영어를 한마디도 하지 못했지만 문제아들만 가득한 산골의 기숙학교로 보내졌습니다. 게다가 젠슨 황은 열일곱 살이나 먹은 룸메이트와 한 방을 쓰게 됐죠. 기숙사에서 보낸 첫날 밤, 나이 많은 룸메이트는 자기 셔츠를 걷어 올려 싸우다 생긴 칼자국들을 젠슨 황에게 보여줬답니다."

젠슨 황은 미국의 시사주간지 《뉴요커》와의 인터뷰에서 "거기 학생들은 거의 모두 담배를 피웠어요. 제 생각에는 아마 학교 남학생 중에 잭나이프를 갖고 있지 않은 건 저 하나뿐이었을 거예요"라고 말한 적이 있어요. 이렇게 열악한 환경에서 자란 그는 어려움에도 굴하지 않는 강한 정신과 끈기를 키울 수 있었습니다.

엔비디아와 젠슨 황의 유별난 경계심과 위기의식은 회사를 성장시키는 데에 도움이 됐지요. 젠슨 황은 한 인터뷰를 통해 "우리 회사는 파산까지 30일 남았다"라는 말로 자신과 회사를 독려한다고 했는데요. 이 명언은 지금까지도 실리콘밸리의 많은 창업자들에게 좋은 모범이 되고 있습니다.

젠슨 황은 기업의 리더로서 매사에 직접 나서서 세부 사항까지 꼼꼼히 처리합니다. 예를 들어 그는 프레젠테이션에 앞서 자료를 몇 번씩 확인하며 발표 직전에 내용 수정을 제안하기도 해요. 이는 업무에 대한 그의 높은 기준 때문이지만 그럼에도 엔비디아 직원들의 이직률은 업계 평균보다 매우 낮아요.

젠슨 황에 대한 엔비디아 직원들의 지지율은 97퍼센트로, 다른 IT업체들을 훨씬 뛰어넘습니다. 한 보도에 따르면 이는 엔비디아가 여전히 안정감을 주는 기업으로 인식되고 있다는 뜻이라고 합니다. 또한 어느 익명의 엔비디아 직원은 젠슨 황에 대해 높은 기대치와 정직성, 완벽주의를 모두 갖춘 인물이라고 평가했습니다. 직원들은 젠슨 황이 엔비디아를 성공으로 이끌고, 창의력과 성장 마인드를 중시하는 기업문화를 유지하는 데에 그의 이런 자질들이 중요하다고 입을 모아 말했어요.

업무 일정을 나눌 때 젠슨 황은 직원들에게 빛처럼 빠른 속도로 일할 것을 요구합니다. 이는 단순히 빨리 끝내라는 얘기가 아니라 업무 완수를 위해 어떤 일을 우선순위로 둘 것인가를 고민하라는 뜻입니다. 엔비디아 직원들에 따르면, 젠슨 황은 직원들과 이메일을 주고받을 때도 내부의 빠르고 효율적인 소통을 보장하기 위해 '메일 내용이 6줄을 넘기면 안 된다'는 독특한 규칙을 적용하고 있다고 합니다. 그의 이런 별난 리

더십과 인간미 넘치는 면모 덕에 엔비디아는 성장을 지향하는
기업문화를 꽃피울 수 있었고, 꾸준히 발전하면서 성공을 거둘
수 있었던 것입니다.

최고의 동료, 가족

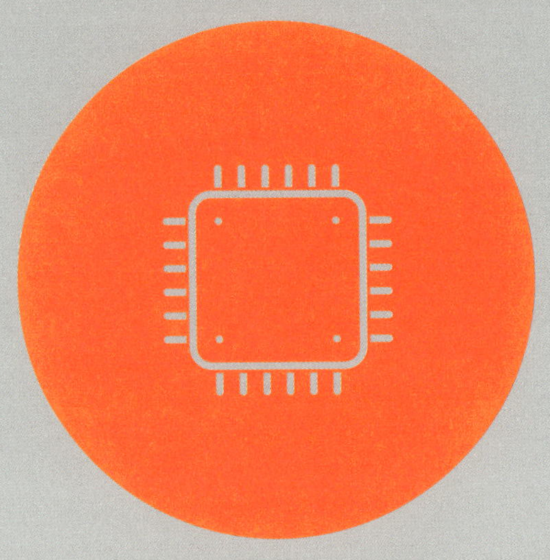

가업을 이은 자녀들,

아버지와 함께 AI의 새로운 세상으로

젠슨 황의 아들과 딸, 두 자녀는 현재 전문 인재로서 엔비디아에 공헌하고 있습니다. 아버지와 닮아서인지 그들은 본업 외에 요리에도 꽤 재능이 있어요. 젠슨 황이 타고난 성실함을 바탕으로 스스로 독립한 것처럼 자녀들도 다른 기업에서 먼저 실력을 갈고닦은 뒤에야 비로소 엔비디아에 입사했답니다. 젠슨 황과 가족들은 소탈하면서도 깊은 유대감으로 묶여 있으며, 자녀들은 언제나 말보다 행동으로 아버지 젠슨 황을 지지합니다.

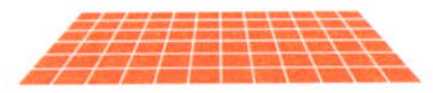

젠슨 황의 성공은 결코 가족의 덕을 보거나 금수저로 태어난 덕이 아니었습니다. 젠슨 황은 미국에서 혹독한 시간을 견뎌내야 했고, 결국 끊임없는 노력과 전문성을 바탕으로 오늘날의 성공을 거둘 수 있었어요.

그렇다면 그가 꾸린 가정은 어떨까요? 묵묵히 남편을 지지해 주는 아내뿐만 아니라 젠슨 황의 딸 매디슨과 아들 스펜서도 2020년과 2022년에 각각 엔비디아에 합류했는데요. 이들은 가족이자 한 기업에서 함께 싸우는 전우라 할 수 있습니다.

젠슨 황은 일에 완전히 빠져들어 지내지만, 시간이 날 때면 집에서 가족들을 위해 요리를 즐겨 한다고 합니다. 휴일에는 가족들과 외출해 맛있는 음식을 사 먹기도 하고요. 젠슨 황은 본래 미식가로, 바쁜 해외 일정 중에도 현지의 이름난 식당들을 열심히 찾아다니곤 합니다. 종업원들과 스스럼없이 대화를 나누며 식사하는 소탈한 모습을 보여주기도 하지요. 밤 12시가 가까운 시간에도 야시장에서 현지 IT 업계 거물들과 함께 길거리 음식을 먹는 모습이 카메라에 포착되기도 했답니다. 어쩌면 젠슨 황이 예언한 AI 기술의 미래는 그의 인간적이고 소탈한 이미지처럼 자연스럽게 녹아들어 결국 우리 삶의 일부가 되지 않을까요?

젠슨 황의 자녀들을 살펴보면 아버지처럼 다양한 관심사와 재능을 가진 것 같습니다. 이를테면 젠슨 황의 아들 스펜서 황은 컬럼비아칼리지시카고에서 국제마케팅과 문화연구를 공부했어요. 2019년에는 MIT 슬론경영대학원에서 AI 관련 비즈니스 전략 과정을 수료했고, 2022년에는 뉴욕대학교 스턴경영대학원에서 AI 분야 연구로 MBA를 취득했답니다.

2013년 타이완으로 건너간 스펜서 황은 1년 동안 바텐더로 일하다가 직접 칵테일 바를 열기도 했습니다. 이후에는 포드자동차와 오모테크놀로지, 화이자제약에서 마케팅과 제품전략 컨설팅을 담당했고, 프리랜서 사진작가로도 활동하며 다양한 경험을 했습니다. 현재 스펜서 황은 엔비디아에서 로보틱스 제품 라인 매니저로 일하며 로봇용 AI 모델과 시뮬레이션 소프트웨어 개발을 맡고 있어요.

젠슨 황의 딸인 매디슨 황 또한 맛있는 음식을 좋아하는 아버지를 닮아 미국의 유명 요리학교 CIA를 졸업하고, 뉴욕과 샌프란시스코에서 셰프로 일하기도 했답니다. 또한 르 꼬르동 블루 런던캠퍼스에서 6개월 동안 연수를 받고, 파리로 건너가 제과와 와인을 공부했어요. 이후 여러 유명 호텔과 미슐랭 2스타 레스토랑에서 일했습니다.

이렇게 한동안 요식업에 몸담았던 매디슨 황은 다른 분야로 눈길을 돌려 2019년에 오빠와 마찬가지로 MIT에서 AI 과정을 수료했어요. 그 후에는 런던비즈니스스쿨에서 MBA 학위를 취득하고, LVMH 그룹에 입사해 브랜드 기획과 마케팅, 콘텐츠디자인 부문에서 일했답니다. 그녀는 2020년에 엔비디아에 들어와 인턴부터 시작했는데요. 이후에 실시간 3D 그래픽과 물리 기반 시뮬레이션을 지원하는 협업 플랫폼인 '엔비디아 옴니버스'의 마케팅 매니저로 승진했고, 엔비디아 옴니버스 소프트웨어 개발 플랫폼의 포지셔닝과 마케팅 전략 등의 업무를 맡았어요.

2025년 3월 17일, 엔비디아가 주최하는 GTC가 시작됐습니다. 시장의 관심은 온통 18일 오전에 진행된 엔비디아 CEO 젠슨 황의 기조연설에 쏠렸죠. 그는 이 연설에서 최신 AI 트렌드와 애플리케이션에 대해 소개했어요. 또한 18일 오후에는 젠슨 황에 이어 엔비디아 로보틱스 제조업체 가운데 하나인 솔

로몬의 천정룽 회장이 젠슨 황의 딸 매디슨 황과 무대에 올라 'AI와 로봇'과 관련하여 짧은 발표를 진행했습니다. 현재 매디슨 황은 엔비디아에서 디지털트윈*및 시뮬레이션 부문을 총괄하는 시니어 디렉터로 일하고 있어요.

아들 스펜서 황도 많은 주목을 받았습니다. 엔비디아에 입사 후 로보틱스 제품 라인 매니저로 일해왔으며, GTC 현장에서 제품 설명을 맡아 이렇게 말했어요.

"당신이 뇌를 얻고 싶다면 로봇 수천 대를 훈련시켜야만 합니다. 제가 만약 로봇을 훈련시켜 걷게 만들고 싶다고 해도, 평지에서 걷게 할 것인지 꽁꽁 언 강바닥에서 걷게 할 것인지에 따라 환경이 매우 달라진다고 말할 수 있습니다."

전날 아버지 젠슨 황의 기조연설을 어떻게 봤느냐는 질문에 그는 다음과 같이 대답하기도 했습니다.

"기조연설의 핵심은 엔비디아 최대의 기업 콘퍼런스를 보고 전 세계는 물론이고 엔비디아 직원들 모두 우리 회사의 장기적 전망과 주요한 우선순위, 올해 우리의 목표를 이해할 기회를 얻었다는 겁니다."

젠슨 황의 자녀들은 모두 유명 대학의 MBA를 취득했으며,

● 현실 세계의 기계나 장비, 사물 등을 컴퓨터 속 가상세계에 똑같이 구현하는 기술.

엔비디아에 입사하기 전 이미 멋지고 다양한 경력을 많이 쌓았어요. 물론 젠슨 황처럼 험난한 창업 여정을 거치지는 않았지만 아버지 젠슨 황이 얼마나 최선을 다해 자식들을 키웠을지 충분히 짐작할 수 있습니다.

두 자녀는 엔비디아에 입사해 일함으로써 행동으로 지난 아버지의 노력을 뜨겁게 지지하고 있어요. 또한 그들은 지금 월스트리트와 IT 업계에서 내일의 AI 스타로 자리매김했답니다. 이처럼 온 가족이 함께 세계와 과학기술의 새로운 미래를 새롭게 쓰고 있다니, 기대가 되지 않을 수 없네요.

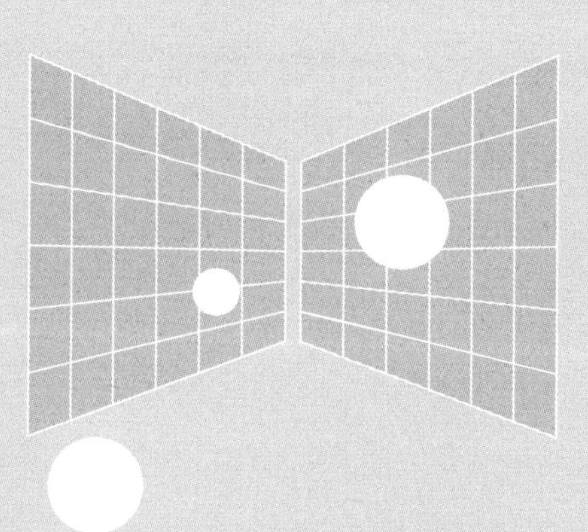

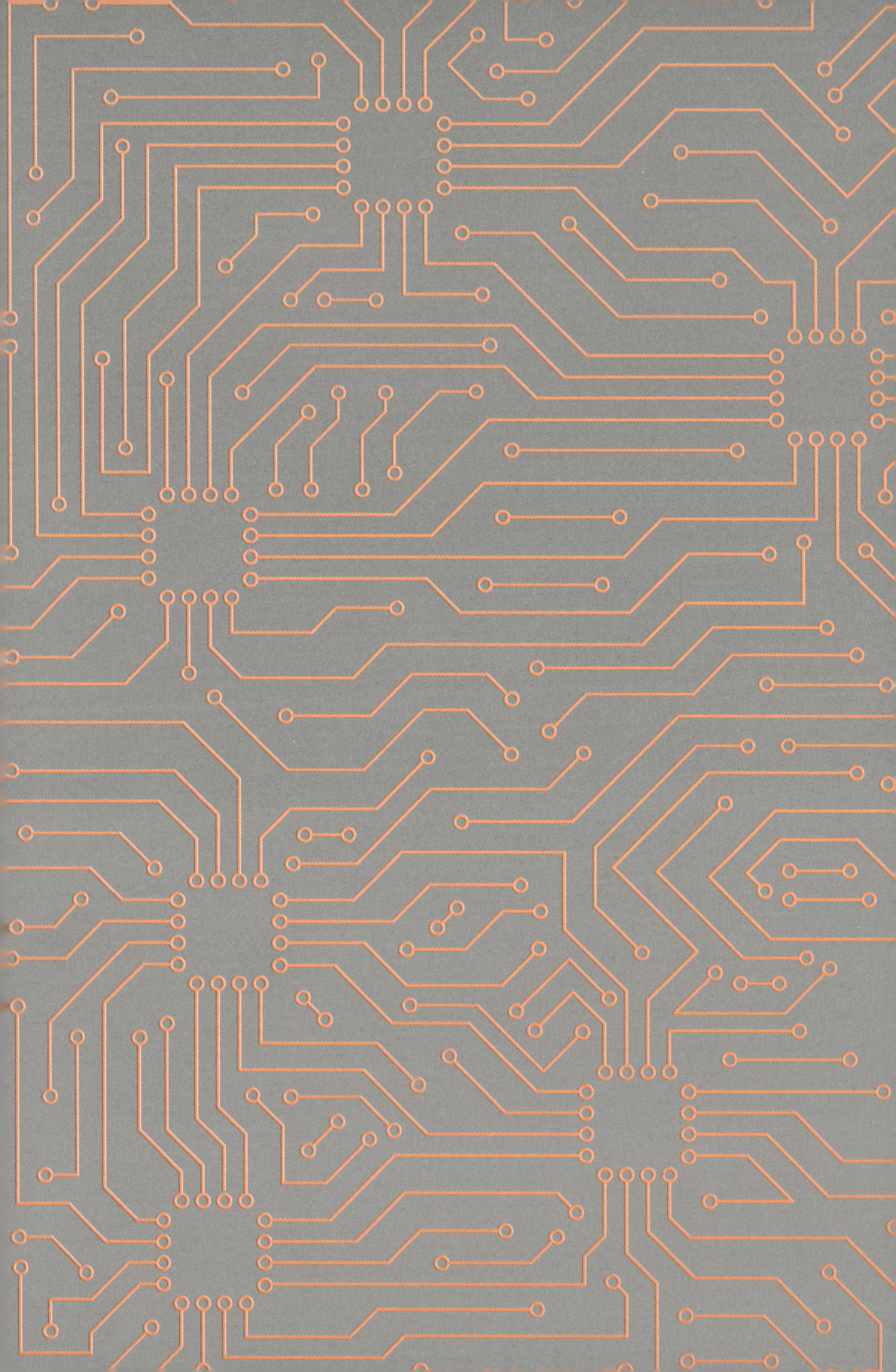

4

AI 혁명의 심장

AI 산업의 가치와 변화

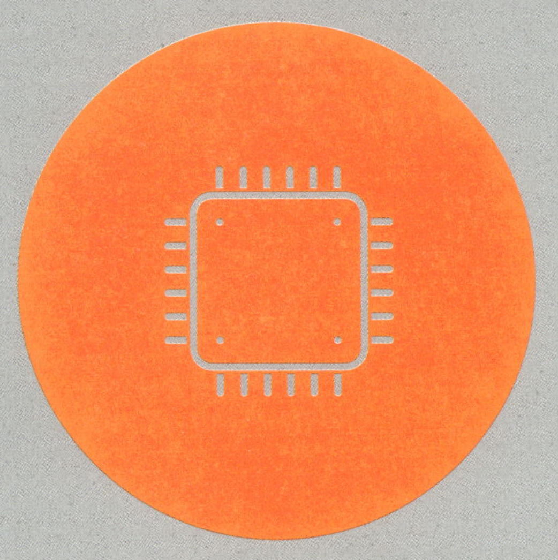

시가총액 세계 1위 기업 엔비디아

주머니 속 컴퓨터에서 스스로 걷는 컴퓨터로

젠슨 황이 이끄는 엔비디아는 AI 시장점유율의 90퍼센트를 차지하고 있어요. 이제 사람들은 노트북을 켜면 반드시 엔비디아의 로고를 보게 될 거예요. 그만큼 엔비디아의 위상이 확고해진 거죠. 그렇다면 다가올 미래에 AI는 어떻게 발전할까요? 과거에는 집 책상 위에 컴퓨터를 올려두거나 손에 들고 사용했지만 미래에는 '걷는 컴퓨터'가 대세가 될 것이라고 젠슨 황은 일찌감치 장담했답니다.

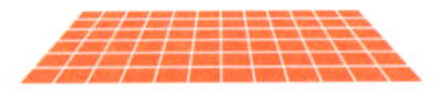

전 세계 AI 시장의 약 90퍼센트를 장악하고 있는 엔비디아는 IT 업계의 시장 법칙은 물론이고 부의 시장 법칙마저 새롭게 쓰고 있습니다. 본래 IT 산업 글로벌 자산 순위 TOP 10에 늘 이름을 올리던 메타나 마이크로소프트도 지금은 젠슨 황이 이끄는 AI 산업을 주시하고 있습니다. 엔비디아가 연일 새로운 시가총액 기록을 세우며 시장의 주목을 받고 있기 때문입니다. 가죽 재킷을 입은 AI 황제는 월스트리트와 투자자들의 관심을 한 몸에 받고 있기도 합니다. 시총 세계 1위 기업으로 활약 중인 엔비디아의 CEO가 과연 어떤 행보로 많은 사람의 운명과 재산에 영향을 미칠지를 궁금해하는 것이죠.

젠슨 황은 2024 타이베이 컴퓨텍스 기조연설에서 생성형 AI가 새로운 산업혁명을 일으킬 것이라고 말하기도 했는데요. 폭스콘, 델타일렉트로닉스 등 유명 IT 그룹들이 AI 공장을 지어 매일 새로운 생성형 AI 모델을 탄생시키고 있답니다. 이 산업은 무궁무진한 사업적 기회를 가지고 있지요.

젠슨 황은 기조연설에서 엔비디아의 영혼은 애니메이션이 아니라 시뮬레이션이라고 말했어요. 가상 세계에는 가속 컴퓨팅과 인공지능이란 두 가지 중요한 핵심 기반이 있습니다. 젠슨 황에 따르면 과거에는 CPU의 속도가 충분히 빠르지 않아 컴퓨테이션 인플레이션[••]이 일어나기도 했다고 해요. 그래서 지난 20년 동안 엔비디아는 가속 컴퓨팅 프로세스를 개발하기 위해 애썼습니다. 미래의 모든 데이터센터는 가속 컴퓨팅을 필요로 하니까요.

젠슨 황은 연설 중에 한 발 더 나아가 '합리적인 CEO의 수학'이라는 개념을 제시하며, 최근 엔비디아가 개발한 처리 속도가 100배나 빨라진 제품을 적극적으로 홍보하기도 했는데요. 데이터 처리 속도가 빨라지면 약 97~98퍼센트의 비용을 낮출 수 있으니, 기업의 CEO들이 엔비디아의 제품을 많이 구입할수록 더 많은 비용을 줄일 수 있다고 호소한 것입니다.

● 기존 데이터의 패턴과 구조를 학습해 텍스트, 이미지, 오디오, 코드 등 새로운 콘텐츠를 생성할 수 있는 인공지능 기술.

●● 컴퓨터로 처리해야 하는 데이터의 양이 기하급수적으로 증가함에 따라 기존 컴퓨팅 방식으로는 따라잡을 수 없게 되는 현상.

또한 젠슨 황은 2024년 GTC 기조연설을 통해 로봇의 시대가 곧 다가온다고 여러 차례 강조했어요. 무대 위에는 그와 비슷한 키의 로봇들이 한꺼번에 등장했는데, 이 로봇들은 AI로 제어되는 이동형 로봇이었습니다. 그는 앞으로 로봇의 최대 시장은 제조업이 될 것이며, 제조 공장도 나중에는 생성형 AI에 의해 움직이는 AI 공장으로 바뀌게 될 것이라고 예언했어요.

"미래의 공장들 역시 모두 로봇 공장으로 바뀔 것입니다."

이뿐만 아니라 공장 안의 로봇끼리도 서로 소통이 되고, 로봇에 의해 돌아가는 공장에서 만드는 제품도 로봇이 될 거라고 힘주어 말했습니다. 과거 컴퓨터와 키보드, 노트북 시장에서 클라우드 PC*로 발전했고, 미래에는 '걷는 컴퓨터'를 만들게 될 거라고 내다봤어요.

생성형 AI 시대가 온다는 예언과 함께 젠슨 황은 IT 산업의 생산 가치가 약 3조 달러(약 4380조 원)에 이르고, 생성형 AI를 활용하면 전 세계 산업에 100조(약 14경 6140조 원) 달러 규모의 서비스를 제공할 수 있다고 했습니다. 기존에 없었던 새로운 형태의 공장으로, 머지않아 모든 산업이 이 제품을 필요로

● 중앙 서버에 개인용 컴퓨터 환경을 구현해 단말기에 구애받지 않고 원격으로 접속해서 업무 처리가 가능한 PC.

하게 될 텐데, 이 제품은 복제와 확대 생산도 가능합니다. 이는 완벽히 새로운 공업혁명이 될 것입니다.

젠슨 황은 생성형 AI가 단순한 도구가 아니며, 능동적으로 새로운 기능을 생성해 낼 수 있는 데다 사람의 업무를 돕는 것도 가능하다고 설명했습니다. 간호사, 지도 교사는 물론이고, 금융과 보험, 소매, 건강 산업 등에도 생성형 AI를 매우 유용하게 쓸 수 있을 겁니다. 그의 이런 예언과 시뮬레이션은 의심의 여지 없이 AI를 기반으로 한 미래와 부의 재분배 시대가 열릴 것임을 예고하고 있습니다.

AI의 발전으로 새로운 형태의 AI가 과학기술 산업에 깊은 영향을 미쳤을 뿐만 아니라 컴퓨터게임과 그래픽디스플레이, 데이터센터와 클라우드컴퓨팅, 자율주행자동차 및 네트워크 보안 등 다양한 분야로까지 영향을 미치고 있습니다. GPU 시장의 경쟁은 날이 갈수록 치열해지고 있고, AMD 같은 기업들도 시장점유율을 높이기 위해 다투고 있죠. 그러므로 엔비디아는 지금의 앞선 위치를 지키기 위해 끊임없이 혁신하고 제품을 개선해야 한다는 미래 과제를 안고 있는 상황입니다.

현재 엔비디아는 AI 가속기 칩 시장의 90퍼센트 이상의 점유율을 차지하고 있고, 컴퓨터와 소프트웨어, AI 모델, 네트워킹 및 기타 서비스의 판매에도 발을 들여놓았답니다. 더 많은 기업들이 폭넓게 AI를 활용할 수 있게 되겠지요. 이런 엔비디아의 영향력은 AI 활용이 가능한 의료 및 보건, 자율주행자동차, 기후학 등 다양한 분야의 혁신으로 이어지고 있어요. 엔비디아의 눈에 띄는 발전은 과학기술이 가진 변혁의 힘이 무엇인지를 증명합니다.

엔비디아의 변화와 혁신은 전 세계에 더 큰 이익을 안겨줄 것입니다. AI는 꾸준하게 발전하며 우리 생활 곳곳에 녹아들고 있고요. 이러한 엔비디아의 공헌이 디지털전환시대를 가능하게 하는 핵심적인 힘이 되어줄 것입니다.

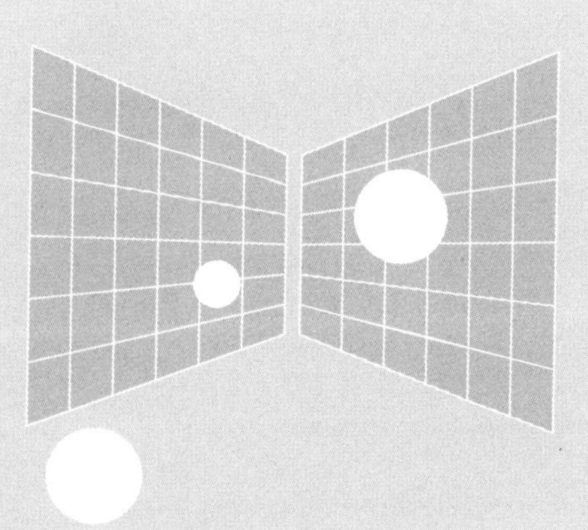

젠슨 황이 말하는 AI

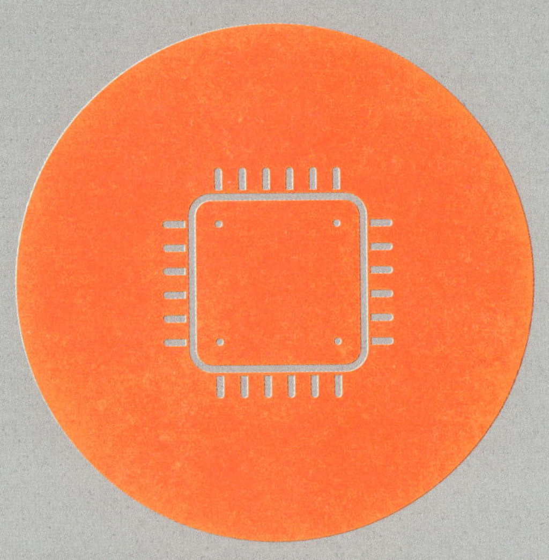

GPU란 무엇일까?

AI의 판도를 바꾸는 법

젠슨 황이 말하는 AI

젠슨 황은 엔비디아가 새롭게 출시한 초강력 GPU인 블랙웰을 홍보하며, 처리 속도가 빠를 뿐만 아니라 전력 소모도 훨씬 적다고 강조했어요. 여러분은 혹시 과거에 GPU가 어떻게 사람들의 주목을 받게 됐는지 알고 계신가요? 이 혁신적인 초강력 AI 컴퓨팅 모델은 머지않아 제4차 산업혁명의 원동력이 될 것입니다.

2025년 5월, 젠슨 황이 타이베이 컴퓨텍스 연설 무대에서 '지상 최강의 AI 칩'이 곧 출시될 예정이라며, 기존 제품들보다 훨씬 낮은 전력 소모로 더 빠른 컴퓨팅이 가능하다는 장점을 설명했을 때 관중들은 모두 호기심에 눈이 동그래졌습니다. 그가 말한 엔비디아의 신제품이 바로 '블랙웰'이었죠.

젠슨 황은 블랙웰의 AI 컴퓨팅 능력이 8년 만에 1000배나 향상됐다고 말했어요.

"GPU의 컴퓨팅 능력이 강해진 만큼 비용도 낮아집니다."

그의 설명에 따르면 블랙웰을 사용해 대규모 언어 모델인 GPT-4 시스템을 학습시키면 컴퓨팅 능력은 상승하면서도 이에 필요한 전력은 원래의 350분의 1로 낮출 수 있다고 해요 (2025년 8월, 최신 GPT-5 출시).

젠슨 황은 연설 중 블랙웰의 생산 과정을 영상으로 보여주며 블랙웰의 생산 공정 자체가 기적과도 같다고 강조했습니다. 먼저 TSMC의 12인치 실리콘웨이퍼*가 준비되면 그 위에 수백 단계에 이르는 미세 가공과 극자외선 리소그래피**공정을 거쳐 2000억 개의 트랜지스터***를 층층이 쌓아 올립니다. 젠슨 황은 엔비디아의 차세대 블랙웰 칩이 이미 본격적으로 양산되고 있으며, 이 제품에 대한 시장의 수요가 폭발적이라고 밝혔어요.

엔비디아 제품 생산의 모든 공정에는 전 세계 협력 파트너들의 헌신과 정확성, 기술이 담겨 있지요. 이에 대해 젠슨 황은 다음과 같이 강조했어요.

"블랙웰은 단순히 과학기술의 기적일 뿐만 아니라 오늘날 과학기술 생태계가 거둔 탁월한 성과에 대한 증명입니다."

젠슨 황은 1964년 IBM 시스템 360이 출시되면서 지난 60년 동안 컴퓨터산업이 존재할 수 있었다고 언급한 바 있습니다. 그러나 고성능 컴퓨팅에 대한 수요가 기하급수적으로 증가한 것에 비해 CPU의 확충 속도는 크게 떨어져 컴퓨테이션 인플레이

* 원통형 실리콘 봉을 얇게 잘라 한 면을 거울처럼 반짝이게 간 다음 직접회로를 세겨 넣은 판. 반도체 칩의 원료.
** 자외선을 이용해 기판에 미세한 패턴을 전사하는 반도체 제조 공정.
*** 전기 스위치와 전압증폭작용을 하는 반도체소자.

선 문제가 발생했고, 데이터센터가 사용하는 전력 소모량도 크게 늘어났죠.

이것이 바로 GPU가 CPU를 이길 수밖에 없는 이유입니다. GPU의 발전은 에너지를 절약하고 컴퓨팅 속도를 현저히 높일 수 있을 뿐만 아니라 AI의 미래와도 밀접한 관련이 있습니다.

젠슨 황은 과거 AI 대규모 언어 모델을 학습시키는 데에 시간당 1000기가와트의 전력이 소모된다고 말한 바 있지만 현재 전 세계에는 기가와트급 데이터센터가 단 한 곳도 없으며, 컴퓨팅에도 시간이 1개월 이상 걸립니다. 그런데 컴퓨팅의 속도를 획기적으로 높일 수 있는 AI 칩인 블랙웰이 등장하면서 필요한 전력 소모량이 시간당 1000기가와트에서 3기가와트로 확 줄어들게 된 겁니다. 이에 대해 젠슨 황은 다음과 같이 말했죠.

"우리의 GPU 1만 개만 있으면 거의 10일 만에 컴퓨팅을 마칠 수 있답니다."

젠슨 황은 새로운 컴퓨팅 능력을 갖춘 AI를 통해 가속 컴퓨팅이라는 개념을 실제로 적용할 수 있을 것이라고 말했는데요. 이를 실현하기 위한 가장 전망이 있는 프로젝트로 '엔비디아 어스-2'를 꼽았답니다. 이는 지구 전체를 3D 가상 세계로 구현한 뒤 시뮬레이션을 통해 AI로 기상 변화를 예측해 나라와 기업들이 극한의 기후에 대처할 수 있도록 돕는 메타버스 프로젝트랍니다. 엔비디아 어스-2는 생성하는 이미지 해상도가 현재의 수치 예보 모델*보다 12.5배 높고, 속도는 1000배 빠르며, 에너지 효율도 3000배 뛰어난 데다, 날씨의 영향을 보다 잘 분석하고 계획하며 시뮬레이션할 수 있지요.

젠슨 황은 다양한 환경에서 스스로 학습하고 적응할 수 있는 인공지능 기반의 범용 로봇의 미래를 낙관해 이것이 머지않아 수조 달러의 산업이 될 것이라고 예측했습니다. 그는 2025년 타이베이 컴퓨텍스 연설에서 AI의 본질은 이해와 사고, 행동을 통해 사람이 하고 싶은 일이 무엇인지를 감지하는 것이라고 언급했어요. 하지만 물리적 로봇을 만드는 첫 번째 단계는 로봇으로 하여금 '로봇이 되는 법'을 배우게 하는 것입니다. 그래서 엔비디아는 구글 산하의 AI 회사인 딥마인드와 손을 잡고 최첨단 피지컬 엔진**을 만들기 위해 연구하고 있답니다.

젠슨 황은 엔비디아가 현재 로봇산업을 지원하기 위해 다양

● 컴퓨터 시뮬레이션을 통해 복잡한 해양 현상을 이해하거나 예측하기 위하여 활용하는 기법.
●● 강체·연체·유동 등 물리 시스템을 컴퓨터로 시뮬레이션해 게임·영화 등에서 사실감을 높이는 소프트웨어.

한 노력을 기울이고 있다며, 관련 기술이 자율주행자동차에도 활용될 수 있다고 말했습니다. AI 모델 시스템을 만드는 것 외에도 GB200, GB300 같은 칩으로 AI 모델을 학습시킨 뒤 그 모델을 자율주행자동차에 탑재할 수 있다는 것이지요. 그는 앞으로 모든 시장에서 이런 전방위적 솔루션이 등장할 것이라 내다봤습니다.

완전히 새로운 컴퓨팅이란 무기를 장착한 신기한 보물 AI는 여기에 그치지 않고 앞으로 기계와 AI 모델의 꾸준한 혁신을 통해 '디지털 휴먼'을 출시하여 다양한 업계에 변화를 가져올 것입니다. 생성형 AI를 통해 디지털 간호사나 고객 서비스 상담사, 교사 등도 가능해질 수 있어요. 좀 더 쉽게 말하자면 '미래의 컴퓨터는 사람처럼 자연스럽게 상호작용을 하게 된다'는 것이지요. 젠슨 황이 미래의 컴퓨터는 '걷는 컴퓨터'가 될 것이라 말한 것도 같은 맥락이고요. 미래에는 여기서 한발 더 나아가 실제 인테리어 디자이너처럼 직접 인테리어 조언을 건네거나 대신 자재와 가구를 구입해 주는 등 생각지도 못한 다양한 서비스 콘텐츠도 제공할 수 있을 겁니다.

젠슨 황은 차세대 산업혁명은 이미 시작되었다고 강조하며, 현재 수많은 기업들이 엔비디아와 협력해 수조 달러를 쏟아부어 만든 기존의 데이터센터 대신 가속 컴퓨팅 기술을 사용한 새로운 데이터센터 구축에 힘쓰고 있다고 밝혔어요. 또한 그는 AI 기술 혁신에 박차를 가하기 위해 차세대 GPU 플랫폼 '루빈'을 공개하며, 앞으로는 제조 파트너들과 손을 잡고 극한에 도전해 GPU와 데이터센터 인프라의 성능을 극대화하는 새로운 기술 체계를 선보이겠다고 약속했답니다.

물론 젠슨 황은 첨단 과학 제조업체들과의 효율적인 협업이 앞으로 AI 혁명을 달성하는 데 가장 중요한 일임을 잘 알고 있어요. 그는 전 세계 공급망 업체들과 손을 잡고 새로운 AI 혁명을 추진하고 있답니다.

본래의 GPU는 엔비디아가 개발하고 발전시킨 강력한 프로그래밍 도구로, 데이터 처리와 딥러닝 등의 애플리케이션을 포함한 각종 컴퓨팅 작업을 보다 빠르게 처리하는 용도로 쓰입니다. 바로 이런 기능들을 기반으로 젠슨 황은 "인공지능으로 차세대 피지컬 AI를 개발해 그 인공지능이 물리 법칙을 이해하고, 사람과 함께 작업하게 되는 것이야말로 GPU의 진정한 비전이자 다음 세대의 AI라 할 수 있습니다"라고 강조했어요.

현재 폭스콘, 델타일렉트로닉스 등 대형 전자업체들은 이미 엔비디아의 자율 로봇 기술을 공장에 도입했습니다. 그들은 디지털트윈 기술로 공장을 계획하고 로봇을 학습시켜 생산 효율을 높이고 비용은 낮추고 있답니다.

"머지않은 미래에는 모든 공장이 로봇 공장이 될 것이며, 로봇들이 로봇 제품을 만들게 될 것입니다."

젠슨 황은 이렇게 다시 한번 미래를 예측했습니다. 곧 다가올 완전히 새로운 시대를 우리도 함께 기대해 봐요.

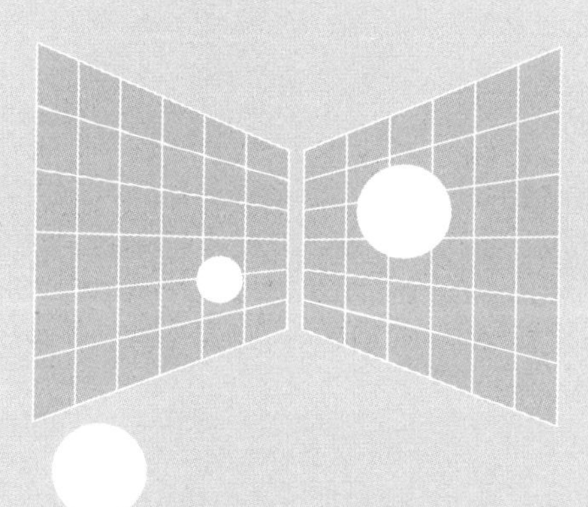

혁신을 고집하는 괴짜

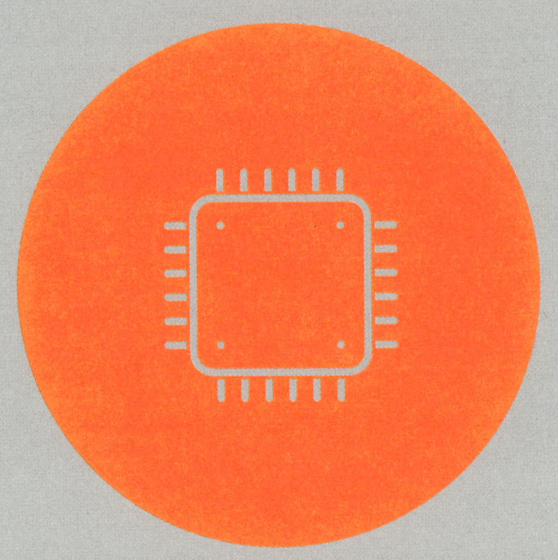

수조 달러의 기업을 일궈낸 탁월하고 다재다능한 리더,

실패를 받아들이고, 혁신을 고집하는 최고의 괴짜

별종이자 앞서가는 리더 젠슨 황의 빠른 일 처리 스타일은 AI 분야에서 꽤 효과적입니다. 그는 디테일을 요구하면서도 언제든 철저한 준비가 되어 있어야 한다고 강조합니다. 그러나 다른 한편으로는 실패를 받아들일 수 있어야 한다고 격려하죠. 그는 언젠가 이런 명언을 한 적이 있답니다.

"괴로움과 고통을 충분히 즐길 수 있길 바랍니다. 위대한 일을 성취할 때 항상 즐겁기만 한 것은 아니니까요."

첨단 기업이자 시가총액 세계 1위 엔비디아의 CEO이면서
도 친근한 인간미를 보여주는 젠슨 황의 리더십에 많은 사람
이 열광합니다. 하지만 또 어떤 사람들은 젠슨 황이 유별난 완
벽주의자이자 뭐든 자기가 직접 하지 않으면 직성이 풀리지
않는 독불장군 스타일이라 하기도 하는데요. 젠슨 황이 이끄는
것은 단순한 AI 산업이 아니라 머지않아 수십억의 지구인들에
게 영향을 미칠 미래산업이니 그의 이런 별난 성향도 이해하
지 못할 부분은 아닌 것 같습니다.

"다양한 리더십 스타일 중에서도 젠슨 황처럼 우리의 이목
을 끄는 리더는 드뭅니다."

미국의 자산운용사 아폴로글로벌매니지먼트는 젠슨 황의
경영 방식이 전통적인 스타일과는 거리가 먼 것으로 알려져
있으며, 직원에 대한 권한 부여와 투명성, 적응력을 중시한다

고 평가했어요.

"우리 경영팀 중에는 제게 업무상 조언을 구하러 오는 사람이 없습니다. 그들은 이미 성공한 데다 각자 잘하고 있거든요."

젠슨 황이 말한 대로 그는 자기 직원들의 능력을 매우 신뢰해 각자의 직무에서 전문성을 자유롭게 발휘하도록 최대한 권한을 부여하기도 합니다.

하루가 다르게 발전하는 과학기술업계에서 젠슨 황과 같은 리더는 전통적인 틀에서 벗어나야만 빠르게 변화하는 세계에서 혁신과 실천의 효과를 지속할 수 있다는 사실을 일깨워 줍니다. "성공을 위한 만능 공식은 없습니다"라는 젠슨 황의 말처럼요.

AI가 주도하고 있는 세계에서 젠슨 황은 완전히 새로운 자신만의 길을 걸어왔습니다. 엔비디아는 성장 과정에서 끊임없이 전략을 업데이트하며 빠르게 변화하는 업무와 시장 환경에 맞섰고, 이를 위한 민첩한 적응력을 지켜왔어요. 이런 방법은 하루가 다르게 바뀌는 AI 개발 분야에서 특히 중요합니다.

젠슨 황은 기존의 복잡한 보고서 형식도 현재 엔비디아의 업무 진행 상황과는 맞지 않는다고 생각합니다. 대신 그는 보다 동적인 방법을 좋아합니다. 실제로 젠슨 황은 직원들이 메일로 업무 보고를 할 때 현재 가장 집중하고 있는 '5가지 큰 일'

만 적어서 보내라고 합니다. 이런 독특한 전략을 통해 젠슨 황은 현재 엔비디아의 업무 방향과 문제점을 빠르게 파악할 수 있어요. 보도에 따르면, 그는 이런 식으로 매일 아침 약 100통의 직원 메일을 읽는다고 합니다.

한 직원은 젠슨 황과 회의를 할 때 '정신을 바짝 차려야 한다'는 말을 들은 적이 있다고 했어요. 젠슨 황은 엔지니어 출신으로 지극히 기술적인 사고를 하는 사람이라 매우 디테일한 사항까지 이해하고 있거든요. 그렇기 때문에 직원들은 회의 중 젠슨 황의 질문에 당황하지 않도록 충분한 준비를 해야 합니다. 게다가 젠슨 황은 전 직원들에게서 매일의 업무 목표를 메일로 받고 있어요. 이를 통해 회사의 상황을 언제든 정확히 파악하려고 하는 것이죠.

한 매체는 다음과 같이 말했습니다. "젠슨 황의 남다른 점은 그가 '언제든 싸울 준비가 된 CEO'라는 것이다. 엔비디아가 투자자의 호응을 받지 못하고 단기적으로 좌절에 직면하게 됐을 때도 회사는 여전히 미래에 대한 자신들의 생각을 고수했다."

2000년대 초 엔비디아는 팬 소음이 너무 큰 탓에 그래픽카드 판매 부진을 겪었는데요. 젠슨 황은 제품 매니저를 해고하는 대신 회의를 열어 관련자들에게 상황을 설명하게 했답니다. 다시 말해 자신의 실패를 인정하고 받아들이는 것이 이미 엔비디아의 문화가 된 것입니다.

젠슨 황이 소집하는 고위급 회의에는 선임 디렉터뿐만 아니라 중간급 매니저, 이제 막 대학을 졸업한 신입 직원들도 참여한다고 합니다. 젠슨 황에게 있어 '권한과 책임 부여'란 리더가 사고의 과정을 보여주며 반복적으로 질문을 던져 직원들에게 배움의 기회를 줌으로써 모두가 그의 사고에 가까워지게 하고, 또한 회사의 발전에 발맞출 수 있도록 하는 것이거든요.

이러한 리더십은 CEO의 강력한 카리스마와 영향력, 회사의 비전에서 비롯되기도 하지만 엔비디아의 모든 직원이 뛰어난 데다 스스로에게 동기를 부여하는 강한 능력을 갖추고 있기에 하나의 목표를 향해 앞으로 나아갈 수 있는 것입니다. 이를 위해 젠슨 황과 엔비디아가 선택한 일은 세계 최고 수준의 컴퓨팅 인재들이 기꺼이 몰입할 수 있는 업무 환경을 조성하는 것이었습니다. 젠슨 황은 라이벌이나 시장점유율보다는 누구도 하지 않았던 일에 도전하는 것이 더 중요하다고 생각했답니다. 덕분에 그는 직원들과 회사를 이끌고 차세대 기술의 발전을 위해 시대의 최전선에서 뛸 수 있게 된 것입니다.

"괴로움과 고통을 충분히 즐길 수 있길 바랍니다. 위대한 일을 성취할 때 항상 즐겁기만 한 것은 아니니까요."

원하는 직업을 가지게 되면 일하는 것이 늘 항상 즐거울 것이라고 착각하기 쉽지만 젠슨 황은 오히려 '더 노력하며 고통을 견뎌야 한다'라고 생각한답니다.

한 네티즌은 젠슨 황의 리더십 스타일에 대해 다음과 같은 최고의 평을 내놓았어요.

"그는 자신이 생각하는 것을 믿고, 그것으로 다른 사람을 설득할 수 있다고 확신합니다. 한마디로 그는 세상에서 제일 근사한 괴짜라 하겠습니다."

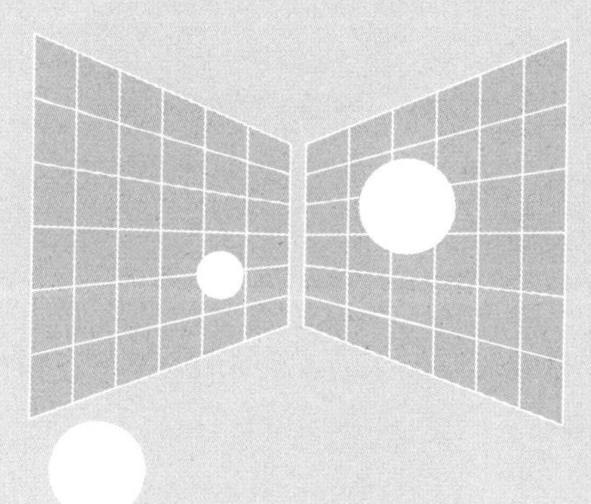

가죽 재킷을 입은
글로벌 리더

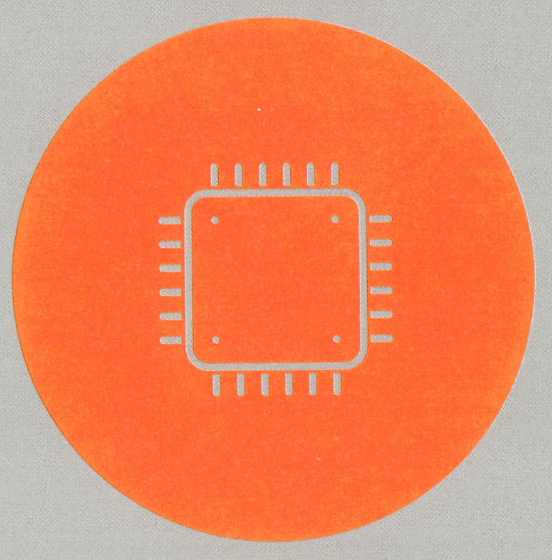

검은 가죽 재킷을 입는 4조 달러의 남자가 일으키는

AI의 새로운 물결

과거 차갑게만 느껴지던 기술업계의 이미지를 뒤바꿔 놓은 젠슨 황은 자신이 즐겨 입는 가죽 재킷으로 사람들에게 진정한 스타일리시함이란 무엇인지를 제대로 보여주었어요. 어떤 사람들은 이런 그를 보며 '엔터테이너'라고 말하기도 합니다. 하지만 그의 검은 가죽 재킷은 스티브 잡스처럼 개인의 스타일을 보여주면서도 새로운 기술 트렌드를 상징하고 있기도 해요. 미래의 기술은 더 이상 차갑기만 한 것이 아니라 개성과 인간미 넘치는 방향으로 가고 있다는 것이죠. 이는 우리가 한 번쯤 곱씹어 볼 만한 가치가 있는 일입니다.

AI 열풍으로 젠슨 황이 뜨거운 주목을 받게 되면서 그의 이름은 AI, 그래픽카드 등 미래 과학기술의 대명사와 같아졌어요. 이뿐만 아니라 그에게는 그래픽카드의 대부, AI 황제 같은 별명도 많이 붙었죠. 그런 젠슨 황에게 아주 트렌디한 별명이 하나 더 생겼는데요. 다름 아닌 '가죽 재킷의 사나이'랍니다.

기존의 과학기술업계는 사람들에게 차갑고 딱딱하다는 인상을 많이 줬지만 젠슨 황의 엔비디아는 많이 달랐죠. 'NVIDIA'라는 이름도 매우 독특한데, 이는 로마신화에 등장하는 질투의 여신 인비디아Invidia에, 다음 비전Next Vision의 이니셜 'N'을 합친 이름이랍니다. 엔비디아의 로고 속 녹색 나선형 눈 역시 질투의 여신에게서 영감을 받은 것으로, 자신들을 질투하는 사람에게 보내는 '질투의 눈'이라고 합니다. 이후 단상 위에서 검은 가죽 재킷을 입고 선 젠슨 황의 모습은 더욱 독특한 스타일로 느껴지게 됐죠.

《뉴욕 타임스》는, 검은 가죽 재킷은 이제 젠슨 황의 트레이드마크일 뿐만 아니라 과학기술의 패러다임이 변화하고 있음을 의미하는 상징으로 자리 잡고 있다고 했어요. 젠슨 황은 획기적인 제품을 내놓을 때마다 검은 가죽 재킷에 검은 티셔츠, 검은 바지까지 온통 검은색으로 통일한 옷차림으로 등장해 그만의 또렷한 스타일을 드러낸답니다.

2021년, 젠슨 황은 《타임》에서 선정한 '올해의 가장 영향력 있는 인물 100인' 중 하나로 잡지의 표지를 장식했습니다. 또한 그는 엔비디아 GTC와 2023년 세계경제포럼에도 자신의 트레이드마크인 검은 재킷 차림으로 나타났답니다. 한 기자가 왜 무더운 날씨에도 가죽 재킷을 고집하는지, 검은 티셔츠에 검은 바지를 매치하는 이유는 무엇인지 물은 적도 있어요. 젠슨 황은 이에 대해 대수롭잖다는 듯 "어떤 색을 매치해야 할지 고민할 필요도 없고, 복잡한 선택을 하지 않아도 되잖아요"라고 대답했답니다. 날씨와 상관없이 가죽 재킷으로 몸을 꽁꽁 싸고 있는 모습을 본 콘퍼런스 현장의 사람들은 농담처럼 물었습니다. 가죽 재킷 안에 '엔비디아의 쿨링 팬'이 설치되어 있는 게 아니냐고요. 이에 젠슨 황은 유머로 맞받아쳤죠.

"저는 늘 쿨하거든요."

다른 관점에서 보면 젠슨 황은 마케팅과 홍보에 대단한 수완이 있는 것입니다. 엔비디아에서 4년 넘게 근무했다는 한 직원은 "엔비디아에서 일한 뒤로, 제가 볼 때마다 젠슨은 항상 가죽 재킷을 입고 있었습니다"라고 말했죠.

젠슨 황의 이런 한결같은 패션 덕에 많은 패션 매체들도 그의 스타일에 엄청난 관심을 보이기 시작했어요. 그들은 젠슨 황의 가죽 재킷에 주목했고, 그가 입는 가죽 재킷의 브랜드나 디자인까지 일일이 보도했죠. 2024년, 엔비디아 GTC와 타이베이 컴퓨텍스에서 젠슨 황이 입은 인조 도마뱀 가죽 무늬 가죽 재킷의 가격은 무려 8990달러(약 1300만 원)에 이릅니다. 이 재킷은 강렬하면서도 화려한 분위기를 풍기며, 젠슨 황만의 독특한 매력이 시각적 개성으로 도드라져 보이게 했답니다.

패션계에서는 젠슨 황이 스티브 잡스처럼 자기만의 스타일이 있다고 입을 모아 말합니다. 스티브 잡스가 항상 검은 터틀넥을 입었던 것처럼, 젠슨 황이 가죽 재킷을 입게 된 데에도 이유가 있었는데요. "딱히 어떻게 입을지 생각할 필요가 없고, 시간을 절약하기 위해서"라고 했지만 실은 그렇게 입음으로써 '패션으로 자신만의 이미지를 구축하려 한 것'입니다. 같은 패션 아이템을 계속 입다 보면 그 사람만의 특징을 더 강화할 수 있을 뿐만 아니라 강인하고 신뢰감 있는 이미지를 더할 수 있으니까요.

젠슨 황은 평소 쇼핑을 거의 하지 않는다고 하는데요. 옷감에 따라 피부가 가려워지는 알레르기가 있다고 합니다. 그 때문에 아내가 대신 그의 옷을 살 때는 가려움을 유발하지 않는 소재인지 꼭 확인한다고 해요. 피부 알레르기를 일으키지 않는 가죽 소재 특성 덕에 젠슨 황의 옷장은 온통 같은 재질에, 같은 색깔의 옷인 검은색 가죽 재킷으로 가득 차게 된 거랍니다.

젠슨 황은 개성 넘치는 스타일만큼이나 유머러스한 처세술로도 유명합니다. 2020년 코로나19가 전 세계를 휩쓸었을 때 그는 최신 연구 성과 발표를 앞두고 있었는데요. 발표 전날, 젠슨 황은 절로 미소가 지어지는 영상 하나를 올렸습니다. 영상 속에서 그는 양손에 오븐 장갑을 낀 채 자기 집 오븐에서 엔비디아가 다음 날 발표할 그래픽카드를 꺼내 보였답니다. 이는 세계 최대 GPU 모델이 곧 출시된다는 예고였지요. GPU를 구워냈다는 유머러스한 접근 방식으로 팬데믹의 위기감을 잠시나마 누그러뜨렸을 뿐만 아니라 발표에 대한 기대감과 화제를 크게 높일 수 있었답니다. 단 27초의 짧은 영상은 금세 인터넷에서 큰 인기를 끌었어요. 젠슨 황은 유머가 있으면서도 은근한 처세의 지혜가 담긴 영상으로 사람들을 미소 짓게 만들며 홍보의 핵심을 제대로 짚어냈습니다.

5

신념과 인내, 꿈의 실현

IT 기술이 만든 새로운 세계

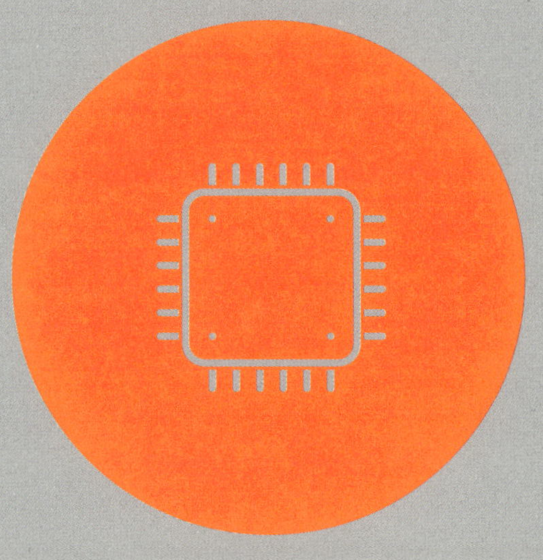

"다음 산업혁명은 이미 시작됐다."

사람들은 젠슨 황의 성공이 단순히 미래를 내다본 기술력에서 비롯된 것이 아니라 디테일에 대한 엄격한 요구와 집중력 덕분이라고 생각합니다. 그는 현재의 매 순간을 잘 경영해야만 훗날 가장 중요한순간에 두각을 드러낼 수 있다고 믿습니다. 오늘날 엔비디아의 영향력은 전 세계로 퍼져 나가고 있고, 덕분에 전 세계 엔지니어들의 운명도 새롭게 쓰일 듯합니다. 세계 곳곳에서 AI 데이터센터를 세우기 위한 경쟁에 나서고 있는데요. 이런 경쟁의 틈바구니에서 성공할 수 있는 비결은 무엇일까요?

　최근 언론보도에 따르면, 젠슨 황의 리더십으로 엔비디아는 2025년 7월, 이미 AI 분야의 글로벌 리더로 발돋움했으며 나스닥 역사상 최초로 시가총액 4조 달러(약 5857조 원)를 돌파한 상장회사가 됐습니다. 2026년 1월 기준, 약 4.5조 달러(약 6590조 원)로 이는 우리나라 시가총액 1위 기업인 삼성전자 6800억 달러(약 1000조 원)의 약 6.5배 수준에 달하는 액수입니다. 엔비디아는 우리나라의 대표 기업 삼성전자와 SK하이닉스에 최신 GPU 블랙웰 5만 장을 우선 공급하기로 하고, 반도체 생산공정 전체를 AI로 관리하는 '스마트 팩토리'를 구축 중입니다. 또, 현대자동차그룹과도 블랙웰 5만 장을 활용해 AI 팩토리를 세우고 자율주행 소프트웨어를 개발하고 있고요. 네이버는 국내 기업 중 최대 규모인 6만 장의 블랙웰을 확보해 한국형 AI 모델의 고도화를 꾀하고 있습니다.

하지만 또 다른 분석에 따르면, 엔비디아의 빠른 성장은 경쟁사들로부터의 배제 효과를 불러일으키기도 했죠. 이를테면 AMD와 브로드컴, 시스코시스템스 같은 IT기업들은 컨소시엄을 맺고 공동으로 'UA링크'라는 인터커넥트 기술을 개발해 과학기술업계 전반에서 엔비디아에 압박을 가하고 있답니다.

사람들은 젠슨 황의 성공이 단순히 미래를 내다본 기술력에서 비롯된 것이 아니라 디테일에 대한 엄격한 요구와 집중력 덕분이라고 생각합니다. 젠슨 황은 창업 초기 얻었던 교훈에 대해 이야기한 적이 있습니다. 당시 그는 사업 계획서를 잘 쓸 줄 몰라 예전 직장의 상사에게 조언을 구하려다 오히려 호된 질책만 당했다고 해요. 하지만 그 상사는 젠슨 황에게 실리콘밸리 벤처 캐피털의 대부인 도널드 발렌타인을 소개해 줬고, 그는 젠슨 황의 창업에서 매우 감사한 귀인이 되어주었답니다. 이 일을 통해 젠슨 황은 과거의 모든 순간을 잘 경영해야 훗날 가장 중요한순간에 인재를 알아볼 줄 아는 멘토의 도움도 받을 수 있다는 사실을 깨달았어요.

오늘날 젠슨 황이 이룬 성취는 우리에게 말해줍니다. 그의 성공은 단순히 지혜와 노력의 결과가 아니라 어려움 속에서도 자신의 의지를 꺾지 않고 꼭 필요한순간에 손을 내민 귀인들의 도움을 받은 덕분이란 사실을요. 젠슨 황의 독특한 경영방식과 어떤 어려움에도 무릎 꿇지 않는 정신이 있었기에 엔비디아는 전 세계적으로 영향력을 미치는 IT 업계의 승자가 될 수 있었던 것입니다.

"우리는 회사 시스템을 철저히 바꾸고, 컴퓨팅도 완전히 바꿨습니다."

젠슨 황은 2024년 캘리포니아공과대학의 졸업식 축사에서 지난 10년 동안 엔비디아가 수십억 달러를 쏟아붓고 수천 명의 엔지니어를 투입한 끝에 컴퓨터 연산 능력이 1000배나 빨라지는, '10년 전에는 사람들이 상상도 할 수 없었던 소프트웨어를 만들어냈다'고 말했어요.

"다음 산업혁명은 이미 시작됐습니다."

젠슨 황은 과감히 단언했습니다. 엔비디아가 만들어낸 기술은 혁신적인 돌파구가 되었고요. 지난날의 컴퓨터는 명령에 따라 작동했지만 지금은 의도에 따라 작동합니다. 실제로 컴퓨터에 원하는 것을 알려주면 컴퓨터는 알아서 그 일을 하죠. "AI는 사람의 두뇌처럼 미션을 해야 하는 이유를 이해하고, 추론과 계획을 통해 어떤 미션이든 실행할 수 있습니다"라는 젠슨 황의 말처럼요.

젠슨 황은 한 언론과의 인터뷰에서 "우리는 한국의 여러 기업들과 성공적으로 협력하고 있다. 엔비디아의 성장을 위해 이들과의 더 강한 파트너십이 필요하다"라고 말한 적이 있어요. 엔비디아의 발전과 성공이 한국의 차세대 과학기술인들의 운명과 커리어에도 큰 영향을 미치게 된 거죠. 사물인터넷이나 빅데이터, 핀테크●같은 애플리케이션 분야에서 산업의 변화와 발전이 이어지면서 더 많은 인재들이 필요해졌는데요. 취업 시장도 이런 인재들을 주목하고 있죠. 젠슨 황 돌풍으로 세상은 AI에 대한 새로운 시각을 갖게 됐고, 한국 역시 AI 물결 속에서 유리한 위치를 차지하게 된 것은 최고의 실력을 갖춘 인재들의 덕이 컸습니다.

많은 언론 매체들은 젠슨 황을 아메리칸드림을 이룬 대표적인 인물로 소개합니다. 성실함과 이상, 용기를 바탕으로 그는 보통 사람들은 상상조차 하기 힘든 성공을 이뤄냈죠. 그는 엔비디아를 이끌고 수많은 가시밭길을 지나면서도 과학기술 인재들과 함께 급변하는 시장에서 확실한 두각을 드러냈고, 이 시대의 가장 중요한 리더가 되었습니다.

"회사를 세운다는 것은 매우 어려운 일입니다. 갖가지 절망과 고통이 있게 마련이지요. 하지만 아무도 하지 않을 일을 해

● 디지털 기술을 활용해 금융 서비스를 혁신하는 분야로 모바일 결제, 온라인 대출, 디지털 자산 투자 등이 이에 포함된다.

냈을 때의 기쁨은 무엇과도 비교할 수가 없습니다. 말로는 표현할 수 없을 정도지요. 스스로 이 일에 뭔가 기여하고 있다고 느끼지 않는 이상 계속하기란 쉬운 일이 아닙니다.”

엔비디아의 창업 초기 젠슨 황은 아무도 만든 적이 없는 3D 그래픽처리장치를 만들어냈습니다. 그로부터 채 2년도 되지 않아 200여 개 회사와 경쟁을 하게 됐죠. 하지만 훗날 엔비디아는 또다시 GPU를 개발해 비디오게임과 컴퓨터의 그래픽 성능을 크게 향상시켰답니다.

젠슨 황은 2017년 미국 경제 잡지《포춘》이 선정한 ‘올해의 기업인’으로 뽑혔고, 2019년에는 《하버드 비즈니스 리뷰》가 선정한 ‘최고의 CEO’에 이름을 올리기도 했습니다. 또한 2024년에는 《타임》이 선정한 ‘올해의 가장 영향력 있는 인물 100인’ 중 하나로 뽑혔는데요. ‘한 세대에 한 번 나올까 말까 한 과학기술업계의 리더’라는 칭송도 함께 받았어요.

“저는 현재 세계에서 가장 오랜 기간 IT 업계 CEO로 일하고 있는 사람일 것입니다. 지난 31년 동안 저는 한 번도 파산을 하거나 번아웃을 겪거나 해고당한 적이 없답니다.”

젠슨 황은 캘리포니아공과대학 졸업식 축사에서 이 사실을 자랑스럽게 이야기했어요.

젠슨 황은 기술 팟캐스트 〈어콰이어드〉와의 인터뷰에서 다시 서른 살로 돌아간다면 엔비디아를 창업하지 않을 거라고 말했습니다.

"이유는 간단합니다. 엔비디아를 세우는 게 제 예상보다 100만 배는 힘들었거든요."

하지만 그는 현실에서 끝내 그 일을 해냈습니다. 그는 어린 시절 먼 타국에서 갖은 고생을 하면서도 불굴의 의지로 '문제의 답을 꼭 찾고 만다'라는 용기와 끈기를 키웠어요. 덕분에 지금 과학기술업계에서 가장 우러러보는 롤 모델이 됐을 뿐만 아니라 수많은 어린 학생들이 노력해서 닮고 싶어 하는 좋은 본보기가 되었답니다.

현실이 된 미래

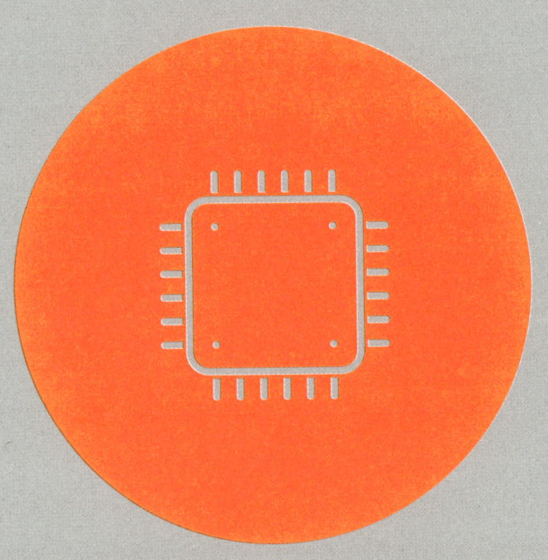

이토록 빠르게 변화하는 세계의

새로운 시민들

젠슨 황은 AI를 통해 인류 역사상 네 번째 산업혁명이 일어날 것이라고 예측했어요. 또한 모두가 이미 잘 알고 있는 로봇과, 스마트 정보를 빠르게 통합하고 처리할 수 있는 소프트웨어, 이 두 가지를 통해 우리가 알고 있는 세계가 빠르게 변화할 것이라고 내다봤습니다. 실제로 2024년 말, 일론 머스크의 회사에서 휴머노이드로봇을 출시하며 피지컬 AI를 활용한 로봇이 전 세계 사람들의 주목을 받기 시작했습니다. AI 기술의 빠른 혁신과 발전은 머지않아 산업 사슬을 새롭게 재구성하고 본래의 기업 구조와 사회 형태에도 충격을 줄 것입니다. 이토록 빠르게 변화하는 세계라니, 여러분은 상상이 되나요?

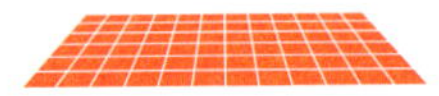

픽사의 애니메이션영화 〈월-E〉를 본 적이 있나요? 이 영화에서 사람들의 이목을 끌었던 부분은 과학기술로 모든 것이 달라진 인간 세상에서 살찐 몸으로 게으르게 누워 로봇에만 의지한 채 살아갈 수 있는 환상적인 세계가 아니었습니다. 그보다 사람들은 인간미 넘치면서도 사랑을 동경하는 로봇 '월-E'에 집중했죠. 왜냐하면 월-E는 우리가 아무리 편리하고 발전된 세상 속에 산다고 해도 사랑과 동정, 연민을 느낄 줄 알아야 한다는 사실을 일깨워 주니까요. 어쩌면 이런 것들은 우리가 인간으로서 절대 잃어버려서는 안 될 감정일지 모릅니다.

젠슨 황은 2024년 미국 시애틀에서 개최된 글로벌 혁신 이벤트 '테크 월드'에서 오늘날 AI야말로 우리 시대의 가장 큰 산업혁명임을 거듭 강조하면서 이제 곧 두 가지 유형의 AI가 등장할 것이라고 설명했습니다. 그중 하나가 바로 물리적 세계를 이해하는 피지컬 AI 로봇이고, 다른 하나가 정보 세계를 처리할 수 있는 생성형 AI랍니다. 이 두 AI는 전 세계 산업의 빠른 발전을 위한 주춧돌이 될 것입니다.

또한 젠슨 황은 2024년과 2025년에 열린 엔비디아 GTC와 타이베이 컴퓨텍스 연설에서 휴머노이드로봇의 중요성을 몇 번이고 강조하며, 더욱 스마트한 로봇의 시대가 곧 다가올 것이라고 낙관적으로 장담했어요.

"로봇과 물리적 AI의 시대가 이미 다가왔으며, 이는 허구의 소설이 아닙니다."

2026년은 휴머노이드로봇이 대량 생산되기 시작하는 첫해로, 미국과 중국은 이 시장에서 주도권을 잡기 위해 모두 애쓰고 있어요. 이 분야에서는 젠슨 황뿐만 아니라 테슬라의 CEO 일론 머스크도 기술적 난관을 극복하고 차세대 휴머노이드로봇 '옵티머스'를 적극적으로 홍보하고 있는데요. 테슬라에서는 2026년이면 정식으로 제품의 대량 생산과 판매가 시작될 것이라 예상하고 있어요. 그들은 옵티머스가 테슬라의 시가총액을 경신할 새로운 동력이 되어줄 것이라 기대하고 있답니다. 영화배우 윌 스미스가 출연했던 〈아이, 로봇〉처럼 영화에나 나오던 로봇들이 인간 사회에 들어올 날이 코앞까지 다가온 것입니다.

로봇의 개발로 주목을 받고 있는 또 다른 회사로는 미국의 휴머노이드로봇 스타트업인 피겨 AI가 있습니다. 그들은 회사 설립 2년 만에 아마존의 창업자 제프 베이조스와 엔비디아, 마이크로소프트, Open AI, 인텔 등 대형 기술 기업들로부터 투자를 받아냈으며 2025년 기준으로 기업 가치가 390억 달러(약 57조 원)를 넘어섰답니다.

마침 비슷한 시기에 중국에서도 휴머노이드로봇 제품이 하나둘 선을 보이고 있는데요. 샤오미와 샤오펑자동차는 각각 '사이버원'과 'PX5'란 휴머노이드로봇을 출시해 세계적인 기업들과 경쟁할 준비를 하고 있습니다. 전문가들은 이 시장이 AI의 또 다른 전쟁터가 될 것으로 보고 있답니다. AI는 이제 디지털 환경에서 인간의 업무를 대신하는 정도가 아니라, 한발 더 나아가 물리적 현실 세계에서도 인간을 이해하고, 감지하며, 공존하게 될 것입니다. 이를 통해 오랫동안 주목을 받지 못했던 로봇공학도 다시금 새로운 관심과 발전의 계기를 맞게 되겠죠.

미래의 환경에 나타날 다양한 로봇을 한번 상상해 보세요. 사람과 놀랍도록 빼닮은 그들은 반응도 재빠르겠지요. 또한 명령을 받으면 휴머노이드로봇들이 공장에서 박스를 옮기고, 식당에서는 접시를 나르며, 재난 현장에서는 구조 활동을 돕고,

양로원에서는 노인을 돌볼 테고요. 머지않은 미래에는 우리의 일상생활 곳곳에서 그들이 자연스레 등장할 겁니다.

젠슨 황은 수백만 아니 수십억 개의 AI 지능체를 만들고 싶다고 말하기도 했는데요. 그는 이런 AI를 '토이 젠슨'이라고 유머러스하게 부르며, 앞으로는 그들이 사방을 뛰어다니면서 사람을 도와 다양한 임무를 완수하고, 무엇을 원하든 그들이 여러분을 만족시켜 줄 거라고 장담했답니다.

이뿐만 아니라 젠슨 황은 미래에 사람들이 '로봇 동료'와도 함께 일하게 될 것이라고 예측했어요. 이런 AI 동료는 시장 마케팅은 물론이고 칩 설계, 소프트웨어 프로그래밍 등 다양한 업무를 맡아 공급망 관리에 도움을 줄 것입니다. 또한 그들은 사람 직원과 함께 일하며 적수가 없는 초인적인 전투력으로 인류의 생산력을 함께 향상시켜 줄 것이고요.

하지만 휴머노이드로봇은 사실 AI 시대의 새로운 산물이 아닙니다. 1973년으로 거슬러 올라가면 일본 와세다대학교에서 사람과 비슷한 특징을 지닌 최초의 로봇인 '와봇1'을 내놓은 적이 있습니다. 당시 와봇1은 물건을 나르고, 간단한 대화를 나눌 수 있었어요. 또한 2000년에 일본 모빌리티기업 혼다에서 선보인 휴머노이드로봇 '아시모'도 유명했는데요. 이후 꾸준한 발전을 통해 새로 개발된 로봇들은 여러 사람들과 대화를 나누거나 달리고, 병뚜껑을 따는 등의 기능을 갖추게 됐습니다.

"얼마 전까지 타이완은 키보드가 있는 컴퓨터나 포켓컴퓨터, 데이터센터가 필요한 컴퓨터를 생산해 왔습니다. 하지만 앞으로 타이완은 걷고, 사방으로 미끄러져 움직일 수 있는 컴퓨터를 만들게 될 겁니다."

타이완대학교 연설에서 젠슨 황은 곁에 있는 로봇들과 무대 아래를 바라보며 말했어요.

"소프트웨어 분야의 AI 에이전트●부터 물리적 세계의 AI 두뇌를 갖춘 로봇까지, AI의 발전은 전체 인류 사회에도 매우 의미 있는 여정이 될 것입니다."

그렇게 말하는 젠슨 황의 눈은 밝게 빛나고 있었습니다. 아마도 이제 곧 SF 영화 속 로봇의 세계가 우리 눈앞에 펼쳐지게 되겠죠.

● 사용자의 개입 없이 자율적으로 작동하며, 환경을 인지하고 학습해 주어진 목표를 달성하거나 문제를 해결하는 지능형 소프트웨어 시스템.

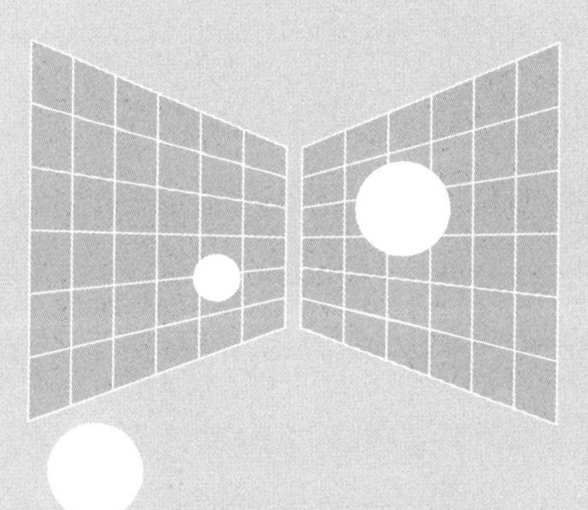

젠슨 황의 성공학

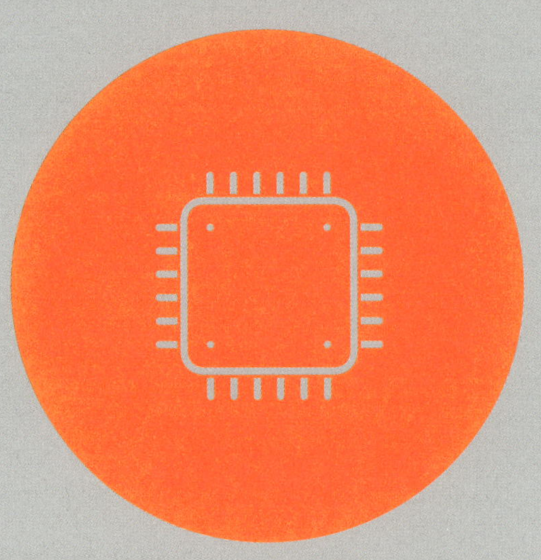

고통과 시련을 피하지 말 것

안목을 넓히고 노력을 포기하지 않으면 미래의 성공은 가까워지기 마련입니다. 끊임없이 노력하다가 적당한 때를 만나 인재로 선택받게 되면 성공의 길에 오르는 것이지요. 젠슨 황도 어린 시절 열심히 설거지를 한 끝에 정식 웨이터로 승진할 수 있었다며 자라나는 젊은 세대에게 고생을 마다하지 말라고 격려하기도 했어요. '고통 없이는 얻는 것도 없다'는 의지를 갖고 꾸준히 노력할 때 우리는 비로소 성공의 길로 나아갈 수 있답니다.

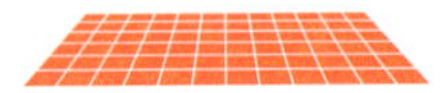

오늘날 젠슨 황은 과학기술업계의 판도를 바꾸고 있습니다. 엔비디아의 주가와 시가총액이 최고가를 계속 갈아치우면서 CEO인 젠슨 황의 몸값도 당연히 폭등하고 있고요. 하지만 그는 최고의 자리에 오른 지금도 과거 엔비디아를 창업하던 시절의 경험을 잊지 않고 있답니다.

젠슨 황의 기억에 따르면, 1992년에서 1993년 사이에 개인용컴퓨터PC의 대중화가 시작됐다고 해요. 당시에는 PC를 주로 컴퓨터연산이나 공문서 작성 등에 사용했지만 젠슨 황과 동료들은 PC로 사실적인 3D 그래픽을 구현하고 싶어 했어요. 그 무렵 컴퓨터게임이 유행하기 시작해서 젠슨 황도 게임산업의 전망이 밝다고 생각했거든요. 1993년, 젠슨 황과 크리스 말라초스키, 커티스 프리엠 세 사람은 4만 달러(약 5870만 원)의 자본금을 가지고 캘리포니아주에서 '엔비디아'란 회사를 세웠어요. 회사의 CEO는 바로 젠슨 황이 맡았는데, 그때 그의 나이는 고작 서른 살이었답니다.

젠슨 황과 두 동료는 3D 그래픽과 전자게임의 시장 잠재력을 믿고 연구개발을 시작했죠. 당시에는 연구개발에 투입할 수 있는 사람도 많지 않았고, 많은 사람들의 주목도 끌지 못했지만 그들은 최선을 다해 연구에 매달렸어요. 그 과정에서 종종 기술적 문제가 일어나기도 했지만 끊임없는 노력으로 문제들을 하나씩 해결해 나갔어요. 그 과정에서 자신감을 얻은 젠슨 황은 어떤 어려움을 만나도 충분한 결심과 노력만 있으면 반드시 꿈을 이룰 수 있다고 믿게 됐답니다.

창업 초기 엔비디아는 여러 거대한 도전에 마주해야 했어요. 그중 하나가 바로 투자자들에게 자신의 계획을 지지해 달라고 설득하는 것이었는데요. 당시 사업계획서를 쓰는 방법조차 잘 몰랐던 젠슨 황은 예전 직장 상사를 찾아가 조언을 받기로 마음먹었어요. 앞서 이야기했듯이 그의 사업 제안 발표를 들은 상사는 혹평을 쏟아내며, 자신이 들어본 중 가장 엉망진창인 창업 제안이라고 말했답니다. 하지만 이후 그는 직접 젠슨 황을 실리콘밸리 벤처캐피털의 대부라 불리던 도널드 발렌타인에게 추천해 주었습니다. 당시 발렌타인은 반도체와 PC, 디지털 엔터테인먼트 등의 분야에서 엄청난 영향력을 미치던 인물이었어요.

전 상사와 투자 대부의 뒷받침을 받게 되며 젠슨 황의 새로운 사업에도 드디어 희망이 보이기 시작했습니다. 이를 통해 젠슨 황은 한 가지 사실을 깨달았어요. 그것은 바로 자신이 지난날 누구보다 열심히 일했기 때문에 상사의 인정도 받고, 결정적인 순간 힘 있는 인사에게 추천도 받을 수 있었다는 사실이었죠. 다시 말해 과거부터 끊임없이 노력해야만 마침내 기회가 다가오는 중요한순간에 최상의 보상을 받을 수 있다는 겁니다.

1999년, 엔비디아는 세계 최초로 GPU(지포스 256)를 출시하며 GPU 시장에 혁신을 일으켰어요. 곧바로 엔비디아는 3D 그래픽 칩 시장의 선두를 차지했고, 같은 해에 나스닥에 상장했지요. 젠슨 황의 행운과 성공에 모두가 깜짝 놀랐으며, 세상 사람들은 이 타이완계 미국인 CEO의 탁월한 안목과 리더십에 주목했습니다.

"제가 배운 교훈은 자신의 '과거'를 잘 경영해야 한다는 겁니다. 레스토랑에서 설거지 담당일 때, 저는 최선을 다해 설거지를 했고, 그 뒤에 비로소 웨이터로 승진할 수 있었거든요."

다시 말해 더 높은 단계로 올라가려면 노력에 노력을 더해야 한다는 것이지요. 설거지 아르바이트생에서 세계 최고의 몸값을 자랑하는 IT 부호가 된 젠슨 황은 말합니다. 탁월함은 타고난 지혜가 아닌 성격에서 비롯된다고요. 젊은 세대에게 축복의 말을 해달라고 하면 그는 이렇게 말해요.

"좀 더 많이 고생하길 바랍니다."

실제로 한 언론 매체에서 젠슨 황에게 어떻게 하면 당신처럼 뛰어난 사람이 될 수 있느냐고 물었을 때, 그가 건넨 조언은 아주 단순했답니다.

"고통 없이는 얻을 수 있는 것이 없습니다."

젠슨 황은 2023년 10월에 있었던 중국계 미국인 반도체전문인협회CASPA 연례 만찬에서 자신은 화장실 청소를 비롯해 여태껏 했던 모든 일들을 좋아했다고 이야기했어요. 또한 그는 한 인터뷰에서 인생의 첫 직장이었던 패밀리 레스토랑에서의 아르바이트 경험을 떠올리며 농담처럼 말했답니다.

"승진을 하려고 얼마나 애썼는지 몰라요. 처음에는 설거지부터 시작해 나중에는 접시를 정리하는 업무를 담당했고, 더 나중에는 웨이터 자리까지 오를 수 있었죠. 만약 지금도 거기서 일하고 있었다면 지금쯤 CEO가 되지 않았을까요?"

이후에 젠슨 황은 AMD에서 2년, 다시 LSI 로직에서 근무했는데요. 당시 했던 일도 모두 무척 좋아했다고 합니다. 만약 두 동료가 회사를 세우자고 설득하지 않았다면 그는 지금도 즐겁게 그 일을 하고 있었을 거라고 말했죠.

창업 후 젠슨 황은 거의 10년 동안 당시 전문가들이 '존재하지 않는 시장'이라고 여겼던 시장에 투자를 했습니다. 시장이 나타나기 전까지 그는 최선을 다해 미래의 성공 가능성을 찾아 헤맬 수밖에 없었죠. 이에 대해 젠슨 황은 다음과 같이 말했어요.

"핵심성과지표는 이해하기가 매우 어려워요. 핵심성과지표에서 사람들은 매출 총이익률을 보죠. 하지만 그건 결과일 뿐입니다. 우리가 진짜 봐야 할 건 미래의 성공을 보여주는 지표랍니다."

2024년 3월 초, 젠슨 황은 자신의 모교인 스탠퍼드대학교를 찾아 후배들에게 다음과 같이 말했어요.

"자신만의 핵심 신념을 갖고, 매일 목표를 점검하며, 온 힘을 다해 꾸준한 의지로 그것을 추구하십시오. 더불어 당신이 사랑하는 사람과 함께 손을 잡고 여정에 오르는 것, 그것이 바로 엔비디아의 이야기입니다."

여러 차례의 인터뷰 속에서 젠슨 황은 변함없는 의지야말로 성공에 이르는 가장 중요한 특징이라고 강조했습니다.

"제가 특별히 뛰어난 점은 기대치가 아주 낮다는 겁니다. 기대가 높은 사람은 보통 회복력이 좋지 않아 실패에 익숙하지 않거든요."

젠슨 황은 2011년 한 강연에서 실패를 두려워하는 것은 성공의 걸림돌이라고 말하기도 했어요.

"실패를 폭넓게 받아들일 줄 알아야 합니다. 그러지 않고 실험을 겁내면 혁신도 할 수 없죠. 또한 혁신이 없으면 성공의 기회를 꺼뜨리게 된답니다."

여러분이 따를 인생철학으로 젠슨 황의 이 말을 꼭 기억하시길 바랍니다.

"점수 내기에 집중하기보다 경기를 즐기세요."

최선을 다하세요. 공부할 때는 자신에게 적합한 과목을 고르고, 또 열심히 자기 공부를 하며, 좋은 학생이 되고자 노력하다 보면 자연스럽게 성적으로 그 결과가 나타나게 마련이랍니다. 엔비디아가 끊임없이 도전하며, '남이 하지 않는 일'을 하는 것처럼 말이에요. 젠슨 황은 엔비디아가 물질적인 성장만 추구하기보다 다양한 시도와 과정에서 많은 것을 배울 수 있기를 원한답니다. 이는 젠슨 황이 청소년 여러분에게 건네는 진심 어린 조언입니다.

젠슨 황은 엔비디아의 핵심 가치가 '리스크를 감수하고 실패에서 배우는 능력'에 있다고 말했어요. 빠르게 변화하는 세계에서 기업은 실패에도 박수를 보낼 줄 알아야 합니다. 그는 젊은 세대가 과감하게 시도하고, 또 과감하게 실패하며 스스로 고난을 극복하는 성격과 정신을 키울 수 있기를 바란답니다.

"여러분에게 충분한 고통과 시련이 있기를 축복합니다!"

의미심장한 그의 말을 통해 우리는 성공이 결코 우연히 얻어지거나 고통 없이 얻을 수 있는 것이 아님을 깨닫게 됩니다. 그러니 꼭 젠슨 황의 말을 마음에 깊이 새기고 배우기를 바랍니다.

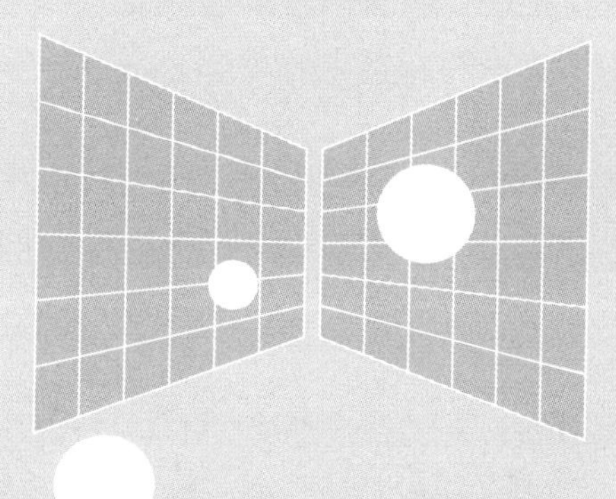

'AI 원주민'에게
건네는 조언

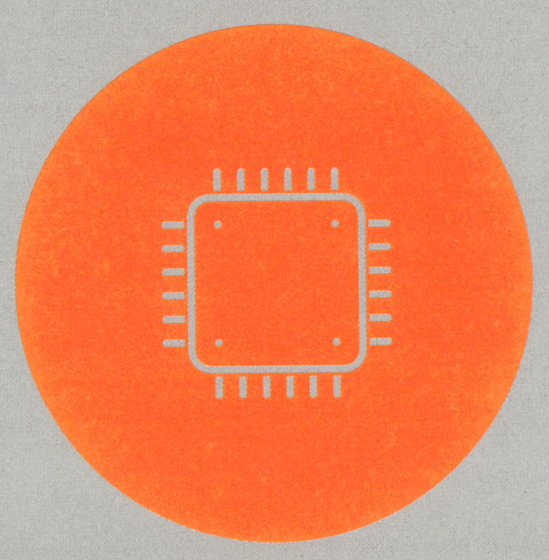

세상은 젠슨 황의 예측대로 발전해 가고, 그가 말한 ‘움직이는 컴퓨터’ 역시 곧 실현되어 우리의 생활 속으로 들어올 것입니다. 그렇다면 젠슨 황이 ‘AI 원주민’이라고 명명한 새로운 세대의 여러분은요? 다가올 새로운 세계를 제대로 준비하고 있나요? 우리를 위해 젠슨 황이 들려주는 이야기와 조언에 귀를 기울여 볼까요?

젠슨 황은 최근 몇 년 동안 언론 매체와의 인터뷰나 여러 연설을 통해 다음과 같은 말들을 했습니다.

"이건 새로운 시작이고, 우리는 오랫동안 준비해 왔답니다. 과학기술산업에 종사하시는 모든 분께 이제부터라도 AI에 온 힘을 다 쏟아부어야 한다고 말씀드리고 싶습니다."

"AI 시대를 사는 모든 분께 한말씀 드리자면, 현재 우리의 협력 파트너들은 많은 제품을 생산하고 있고, 성장 규모는 매년 크게 늘어나고 있습니다. 저는 여기서 가장 중요한 회사가 AI 혁명에서도 보다 크게 발전하고 제일 핵심적인 위치를 차지하리라고 봅니다."

"이건 새로운 리셋으로, 완전히 새롭기 때문에 아직 누구도 선두에 설 수 없습니다. 하지만 과학기술은 매우 빠르게 발전하기 때문에 여러분의 회사에 아직 AI 전략이 없다면 반드시

AI 전략을 짜야만 합니다. 또한 여러분이 학생인데 아직 AI를 배우지 않았다면 서둘러 AI 지식을 배워야 합니다. AI는 역사 상 가장 놀랄 만한 과학기술혁명 가운데 하나가 될 것이고, 전 망이 매우 기대되는 분야이니까요.”

젠슨 황은 AI의 미래가 기대된다는 말을 여러 번 했었는데 요. 그가 자주 이야기하는 휴머노이드로봇도 머지않아 보통 사 람들의 일상이 될 것입니다. 이제는 트레이드마크가 된 젠슨 황의 검은 가죽 재킷은 얼핏 차가워 보이지만 그 아래 있는 그 의 심장은 뜨겁게 뛰고 있습니다. 그가 꿈꾸는 AI의 놀라운 기 술들이 이제 곧 우리가 사는 세상으로 스며들어 영화에서나 보던 장면을 현실로 만들어줄 거예요.

젠슨 황이나 일론 머스크처럼 미래를 좌우할 핵심 인물들이 이끄는 거대한 AI의 물결 앞에서 우리는 그것을 어떻게 보고 또 무엇을 배워야 할까요?

젠슨 황은 2023년 타이완대학교 졸업식에서 ‘출항 준비 완 료, 용감하게 꿈을 좇아라’라는 제목으로 축사를 했습니다. 그 는 졸업생들에게 끈기를 가지고 최선을 다해 목표를 향하여 나 아가고, 더 나은 자신이 되라며 격려했어요. 또한 실수를 직면 하고, 겸손하게 도움을 구할 줄 알아야 한다고도 했고요. 자신 의 성공 경험뿐만 아니라 실패했던 일들도 들려주었습니다. 굴

욕적이고 당황스러웠으며 때론 곤경에 빠지기도 했지만, 바로 이런 경험들이 모여 오늘날의 엔비디아를 만들었다고 말했어요. 그러면서 젠슨 황은 특별히 모든 졸업생들에게 요청했답니다. 1984년 PC가 부흥하던 시대에 자신이 새로운 도전에 나섰던 것처럼 현재의 여러분도 AI의 출발선에 서서 천천히 걷지 말고 시대의 흐름을 따라 세계를 향해 '뛰어라!'라고 말이에요.

"실패를 직면하고 실수를 인정하며 도움을 청할 수 있는 겸손함을 가져야 합니다. 이는 똑똑하고 성공한 사람들도 가장 배우기 어려운 일이죠."

30여 년 전 막 엔비디아라는 스타트업을 시작했던 젠슨 황은 일본의 게임 제작사 세가가 출시할 게임 콘솔용 GPU를 개발하기로 계약했었다고 합니다. 하지만 GPU 개발 과정에서 그는 중대한 실수를 저질렀고, 세가와의 계약을 유지하기 어렵게 됐어요. 하지만 엔비디아가 계속 운영되려면 세가의 계약금 외에도 더 많은 투자금이 필요했지요. 위기의 순간, 젠슨 황은 세가의 CEO였던 이리마지리 쇼이치로에게 엔비디아의 실수와 현재의 상황에 대해 솔직히 털어놓기로 마음먹었어요. 뜻밖에도 이리마지리는 젠슨 황의 상황을 모두 이해해 줬고, 덕분에 세가로부터 엔비디아가 6개월을 버틸 수 있는 투자금을 무사히 받을 수 있었답니다. 그리고 바로 그 6개월 안에 엔비디아는 GPU를 개발할 수 있었고요.

"AI를 위해 우리는 'CUDA'를 발명했습니다. 이 여정은 우리의 품격을 단련하고, 고통과 고난을 견뎌내며, 비전을 좇는 길에서 반드시 거쳐야 할 고통입니다."

"수많은 리스크를 감수하더라도 딥러닝에 올인했습니다."

2007년, 엔비디아는 다양한 애플리케이션의 프로그래밍 모델을 향상시키고자 GPU의 가속 컴퓨팅 기술인 CUDA를 출시했어요. 하지만 CUDA가 GPU의 장점을 보여주기 위해서는 개발자들이 애플리케이션을 개발하고, 게임 GPU인 지포스를 이용해 설치 기반을 구축해야 해서 막대한 추가 비용이 필요했지요. 장기적으로 봤을 때 엔비디아의 이윤에 큰 타격을 주는 데다 주주들도 CUDA에 회의적인 시각을 갖고 있었답니다.

하지만 젠슨 황은 CUDA의 홍보를 멈추지 않았어요. 그로부터 10년 뒤, AI 혁명이 시작되었죠. "엔비디아는 전 세계 AI 개발자들의 엔진이 되었답니다"라고 말한 젠슨 황은 다음과 같은 말도 했어요. '수많은 리스크를 감수하더라도 딥러닝에 올인했기에' 엔비디아가 성공의 기초를 쌓을 수 있었다고요.

젠슨 황은 엔비디아가 연구개발에서 겪는 어려움이 꿈을 실현하기 위해 반드시 겪어야 할 고통이라고 말했어요. 사실 이러한 그의 신념은 아주 어릴 때부터 시작된 것이랍니다. 먼 해외에서 학교를 다니며 별난 아이 취급을 받았지만 당시 겪었던 일들이 인생에서 중요한 전환점이 됐다고 생각했어요. 그래서였는지 졸업을 하고 여러 해가 지난 뒤에 그는 모교 스탠퍼드대학교에 공학 센터를 짓도록 3000만 달러는 기부하기도 했답니다.

"전략적 탈출과 포기는 성공의 핵심입니다."

2010년, 구글의 목표는 다양한 제조사가 사용할 수 있는 개방형 모바일 운영체제인 안드로이드의 성능을 향상시키는 것이었어요. 당시 컴퓨팅과 그래픽 분야에서 전문성을 갖춘 엔비디아는 구글과 이상적인 협력 파트너였고, 성공이 거의 확실해 보였습니다. 두 회사의 합작 소식에 엔비디아 주가도 폭등했죠. 하지만 성공이 눈앞에 보이는 기회를 두고 젠슨 황은 '시장 포기'라는 역사상 가장 어려운 결정을 내렸습니다.

젠슨 황은 엔비디아의 사명이 기존의 컴퓨터를 뛰어넘는 컴퓨터를 만드는 것이라고 믿었어요. 이를 위해 엔비디아는 스마트폰 시장에서 탈출한 뒤 새로운 시장을 개척했지요. 당시 그 시장은 시가총액이 '0'원이었지만 현재는 "수십억 달러 규모의 자동차와 로봇 사업을 통해 새로운 산업을 창출해 냈습니다"라고 말한 만큼 성장했답니다.

"기억하세요. 먹이를 찾기 위해서든 먹이가 되지 않기 위해서든 여러분은 뛰어야 합니다."

젠슨 황은 특별한 재능이나 대단한 학벌은 결코 성공의 필수 조건이 아니라고 생각했어요. 중요한 것은 지금 좋아하는 일에 최선을 다하는 것이니까요. 훗날 언젠가 뒤를 돌아봤을 때 바로 그런 평범한순간들이 여러분의 인생을 바꿀 중요한 기회가 될 수도 있다는 걸 알게 될 겁니다.

또한 젠슨 황은 자신이 PC혁명이 일어나던 시절에 일을 시작했던 것처럼 오늘날의 학생들도 곧 거대한 변혁의 세계에 들어서게 될 것이라고 내다봤어요. 모든 산업은 혁명을 겪고, 새로운 아이디어를 위해 다시 태어나겠죠. 지금 우리는 바로 그런 AI의 시대로 들어서고 있고요.

"여러분은 무엇을 창조하고 싶나요? 그게 무엇이든 우리처럼 최선을 다해 좇아야 합니다. 그러니 걷지 말고 뛰십시오."

젠슨 황은 연설을 마무리하며 졸업생 모두에게 한마디를 덧붙여 말했습니다.

젠슨 황은 한 언론 매체와의 인터뷰에서 'AI 원주민'이 될 어린 세대에게 '질투'가 난다고 말하기도 했어요.

"자라나는 여러분은 'AI 원주민'이 되어 AI와 함께 성장해 가겠지요. AI는 여러분의 파트너처럼 태어날 때부터 세상을 떠날 때까지 계속 조언을 건네고, 지식을 전하며 여러분 곁에 함께할 겁니다. 이는 실로 놀라운 일이 아닐 수 없습니다."

또 다른 인터뷰에서는 미래 기술 인재의 발전 방향에 대해 자신의 견해를 밝혔어요.

"제가 지금 스무살이라면 소프트웨어공학을 선택하지 않고 '이 전공'을 공부했을 겁니다!"

젠슨 황은 과거로 돌아갈 수 있다면 한 치의 망설임도 없이 '소프트웨어'학과가 아니라 '물리'학과를 선택하겠다고 말했어요. 이 발언은 젠슨 황이 차세대 기술혁명인 피지컬 AI를 얼마나 중시하는지를 보여준 사례라고 할 수 있습니다. 젠슨 황은 미래의 AI는 반드시 물리 세계의 법칙을 이해하고 운용할 수 있어야 한다고 생각합니다. 바로 이것이 로봇기술과 자동화산업을 이끌어갈 핵심이 될 테니까요. 그 중요성은 현재 트렌드를 이끌고 있는 생성형 AI에 못지않답니다.

또 젠슨 황은 AI의 발전 단계에 대한 자신의 견해를 이야기한 적이 있는데요. 그는 AI에 대한 현대의 인식이 깨어나기 시작한 것이 획기적인 컴퓨터 비전 모델인 알렉스넷[*]이 발표된 2012년 무렵부터라고 지적했습니다. 그는 이를 AI 시대의 첫 번째 물결인 '인식형 AI'라고 불렀어요.

이후 세계는 두 번째 물결을 맞게 되었습니다. 현재 모든 사

● 제프리 힌턴 등이 2012년에 발표한 딥러닝 기반 이미지 인식 모델.

람들이 잘 알고 있는 '생성형 AI'가 바로 그 물결이었죠. 이 단계에서 AI 모델은 정보의 의미를 이해할 수 있게 됐을 뿐만 아니라 그것을 다른 언어와 이미지 혹은 코드로 변환할 수 있게 됐어요.

젠슨 황은 현재 우리가 '추론형 AI'의 시대에 살고 있다고 봤는데요. AI는 이미 문제를 이해하고, 생성하며, 해결할 수 있는 수준에 올라섰을 뿐만 아니라 겪어보지 못한 상황에 대처할 수 있는 능력도 갖추게 되었답니다. 이런 AI는 '디지털 로봇'의 형태로 존재할 수 있으며, 젠슨 황은 이를 '에이전트형 AI'라고 부릅니다. 에이전트형 AI는 추론 능력을 갖춘 디지털 노동력으로, 현재 마이크로소프트와 세일즈포스 같은 기술 대기업들이 개발에 온 힘을 쏟고 있답니다.

"피지컬 AI가 일으키는 로봇혁명이 전 세계의 노동력 문제를 해결합니다."

젠슨 황은 미래를 전망하며 피지컬 AI가 AI 발전의 다음 물결을 이루는 핵심이 될 것이라고 강조했어요. 이에 대해 그는 다음과 같이 설명했답니다.

"다음 물결은 우리에게 물리의 법칙과 마찰력, 관성, 인과관계 등의 개념을 이해할 것을 요구합니다."

이는 AI가 물리적 추론 능력을 갖춰야 한다는 뜻입니다. 예를 들어 '대상영속성*'이라는 개념을 이해하면 물체가 시야에서 사라진다고 해도 여전히 존재할 수 있다는 것이지요. 이런 능력은 공이 어떤 방향으로 흘러갈지 예측하거나 물건을 망가뜨리지 않고 잡는 힘을 계산한다든지 자동차 뒤로 지나가는 사람이 있는지 추론하는 등 결과를 예측하는 일에 폭넓게 활용될 수 있답니다.

젠슨 황은 이런 결론을 내렸습니다.

"피지컬 AI를 '로봇'이라 부르는 물리적 실체에 이식하면 바로 로봇기술을 얻을 수 있는 겁니다."

그는 미국과 중국은 물론이고 전 세계 각지에서 새로운 공장들이 지어지고 있는 지금, 이 기술이 무엇보다 중요하다고 생각합니다. 또한 앞으로 10년 안에 차세대 공장들이 고도로 로봇화될 것이며, 전 세계가 맞닥뜨린 심각한 노동력 부족 문제도 효과적으로 해결될 수 있으리라고 예측했습니다.

최근 들어 기술계에서 빈번한 해고와 인력 부족 문제가 일어나자 산업계 거물들은 'AI의 인력 대체' 문제에 대해 종종 질문을 받게 됐어요. 젠슨 황은 한 인터뷰에서 이렇게 답했지요.

"AI가 완전히 사람을 대신할 순 없을 겁니다. 하지만 세 종류의 사람은 가장

먼저 AI로 대체될 거라 생각합니다. 그건 바로 자신의 의견이 없이 절차만 따르는 사람, 질문할 줄 모르고 AI와 깊이 있게 상호작용할 수 없는 사람, 스스로 배울 의욕 없이 AI를 답변 기계처럼 의지하는 사람입니다."

"AI가 직접 사람을 해고할 수는 없겠죠. 하지만 AI를 제대로 활용할 줄 모르는, 특히 가치 있는 질문을 할 줄 모르거나 계속 배우려는 의지가 없는 사람은 AI를 잘 활용할 줄 아는 사람으로 대체될 겁니다."

또한 그는 미래에는 우리가 평소에 쓰는 자연어도 프로그래밍언어가 될 수 있으며, 이를 통해 더 많은 사람들이 AI와 협력할 수 있게 될 거라 말하기도 했어요.

'자기 의견이 없는' 사람에 대해 젠슨 황은 고정된 과정에 의존하는 탓에 업무 목표를 새롭게 정의할 수 없기 때문에 AI의 자동화 도구로 쉽게 대체될 수 있다고 설명했어요. 예를 들어 단순히 반복만 하는 작업의 경우 AI가 훨씬 효율적으로 실행할 수 있으니까요.

'질문을 할 줄 모르는' 사람이란 AI가 사람이 하던 대부분의 일을 맡게 됐을 때 높은 수준의 질문을 하지 못한 채 명령만 내릴 줄 아는 사람을 가리킵니다. 젠슨 황은 자신이 하는 일의 90퍼센트가 질문이라고 밝히며, 앞으로는 질문 능력이 직장에서의 핵심 경쟁력이 될 것이라고 단언했습니다.

젠슨 황은 AI는 기술을 모르는 사람도 크리에이터로 만들어

줄 수 있지만 그에 앞서 사용자가 반드시 AI로 무엇을 할지를 알고 있어야 한다고 말했어요. 그가 말한 '배울 의지가 없는' 사람이란 바로 AI로 무엇을 할지조차 모르는 사람을 가리킵니다. 수동적으로 AI를 사용할 줄만 알고 더 배우려는 의지가 부족하면 AI의 진정한 가치를 펼쳐 보일 수 없을 테니까요.

"저는 AI를 활용해 스스로 더 똑똑해지고 있기 때문에 AI가 사람들의 밥그릇을 빼앗아 갈까 봐 걱정하지 않습니다."

젠슨 황은 최근 CNN과의 인터뷰에서 AI와 인간의 일자리가 미래에 어떻게 될지에 관해 깊이 있는 견해를 밝혔는데요. 그는 'AI가 사람들의 사고 능력을 저하시킬 수 있다'라는 염려를 반박하며, AI에게 질문을 하는 과정이 오히려 사람의 인지 능력을 향상시켜 주는 중요한 역할을 한다고 말했습니다.

전 세계적으로 AI가 미래에 사람이 하는 일을 대체한다거나 사람의 사고능력을 저하시키는 게 아니냐고 열띤 토론을 하고 있을 때, 젠슨 황은 전혀 다른 답을 내놓은 겁니다. 그는 매일 AI를 사용하고 있으며, 프롬프트 엔지니어링*이 인지기능을 확장해 사람들의 학습과 문제 해결을 도울 수 있다고 강조했어요.

● AI에게 명확하고 구체적인 질문을 제공해 원하는 답변을 얻는 과정.

젠슨 황은 AI 때문에 확실히 사람들의 업무 형태에는 변화가 생길 것이라고 단언했어요. 하지만 그는 미래의 직장 변화가 '대규모 실업'이 아닌 '대규모 업무 재편'으로 나타날 것이라 지적했습니다. 이를테면 반복적이고 절차화된 업무는 AI로 대체되겠지만 더불어 완전히 새로운 일자리와 수요가 창출된다는 것이죠.

"어떤 일자리는 사라지겠지만 대신 기존에 없던 새로운 일자리가 생겨날 것입니다. AI를 통해 다양한 분야의 생산력이 향상되고, 궁극적으로 사회 전체의 발전을 가져오기를 바랍니다."

젠슨 황은 AI와 효율적으로 상호작용을 하고, '정확한 질문'을 하는 것 자체가 새로운 유형의 인지능력이라고 말했습니다. 그는 매일 AI와 대화를 할 때 여러 AI에게 같은 질문을 던진 다음 그들이 각각 어떤 대답을 내놓는지를 비교하여 비판적 사고와 판단을 내린다고 설명했는데요. 이런 프롬프트 엔지니어링은 단순한 도구 사용을 넘어 사고력과 학습 효율을 높일 수 있는 핵심이라고 할 수 있답니다. AI가 사람의 '사고 퇴화'를 일으킨다는 외부의 염려에 대해 젠슨 황은 자신의 명확한 입장을 밝혔습니다.

"AI가 저를 대신해 생각을 하는 것이 아닙니다. 그보다는 제가 아직 이해하지 못하는 지식을 AI가 가르쳐주거나 스스로 처리하기 힘든 문제를 AI가 도와

주는 것이죠."

AI가 사람의 사고력을 퇴화시킨다는 관점은 최근 MIT에서 내놓은 'AI 도구에 대한 지나친 의존이 대뇌 활동을 약화시킨다'는 연구 결과와 맥을 같이합니다. 하지만 젠슨 황은 AI를 정확히 사용하면 사람의 학습 동기와 비판 능력을 오히려 자극할 수 있다고 생각한답니다.

자, 이쯤에서 동기부여가 되어줄 젠슨 황의 어록을 잠깐 살펴볼까요?

"인생의 첫 일자리가 식당이라면 그곳에서 겸손함과 성실함을 배울 수 있습니다."

"제게 하찮은 일은 하나도 없었어요. 저도 설거지나 화장실 청소를 많이 해봤는데, 어쩌면 여러분 모두가 했던 횟수를 합친 것보다 훨씬 많이 했을지 모릅니다."

"무지도, 신념도 일종의 초능력입니다. 내게 닥칠 문제가 얼마나 어려운지를 아는 것은 사실 아무런 도움도 되지 않습니다. 중요한 것은 그냥 모르는 채로, 나만의 신념을 지키며 용감히 앞으로 나아가는 것입니다."

“영향력 있는 사람의 선택을 받으려면 먼저 한 가지 일을 잘 경영해야 합니다. 제가 배운 교훈은 자신의 ‘과거’를 잘 경영해야 한다는 겁니다. 레스토랑에서 설거지 담당일 때, 저는 최선을 다해 설거지를 했고, 그 뒤에 비로소 웨이터로 승진할 수 있었거든요.”

“지금 당신이 하는 일이 당신의 미래를 위한 인생의 가장 중요한 전환점일지도 모릅니다.”

“기대치가 너무 높으면 실망하기 쉽고, 기대치가 너무 낮으면 정체되기 쉽습니다.”

“기대가 높은 사람은 보통 회복력이 좋지 않습니다. 그러나 불행히도 회복력은 성공의 중요한 열쇠입니다.”

“진정한 혁신은 기꺼이 위험을 감수하고 실패를 받아들이는 것입니다.”

“끝없이 질문하고 답 찾기를 멈추지 마세요. 호기심이야말로 당신을 발전하게 하는 힘이니까요.”

“복잡한 시대에 살고 있다는 것, 그것이 여러분에게 기회이기도 합니다.”

"실패를 직면하고, 겸손한 마음으로 도움을 구할 줄 알면 우리는 다시 일어설 수 있습니다."

"사과나무에 가능한 한 가까이 다가가십시오. 만약 떨어지는 사과를 잡지 못했다고 해도 가장 먼저 사과를 줍는 사람이 되어야 합니다."

"쉽게 이뤄지는 위대한 일은 없습니다."

"위대한 성과를 내기란 결코 쉽지 않습니다. 먼저 고통을 견디고, 최선을 다해 노력하며, 많은 어려움을 극복하고, 문제를 해결해 낼 때 비로소 자신이 한 모든 일을 진정으로 인정하고 대견하게 여길 수 있답니다."

"자신이 사랑하는 일을 하는 걸 두려워하지 마세요. 그 사랑이 여러분을 무적으로 만들어줄 테니까요."

"AI가 제4차 산업혁명을 불러올 것입니다. 또한 AI를 통해 거의 모든 산업의 생산성이 높아질 것입니다."

오늘날 엔비디아는 단순한 GPU 판매업체가 아닌 시스템 공급사로 변신했습니다. 블랙웰 칩은 공급이 수요를 따르지 못해 공장을 최대치로 가동해 제품을 생산하고 있죠. 알려진 바에 따르면 현재 약 1.5만~2만 곳의 생성형 AI 스타트업이 엔비디아의 고객이 되기 위해 줄을 서서 기다리고 있다고 합니다. 엔비디아의 칩으로 모델을 학습시키려고 말이에요.

- 1760년대부터 1800년대 중반까지 인류는 증기 시대를 맞아 제1차 산업혁명을 겪게 됐습니다.
- 1800년대 후반부터 1900년대 초반까지 인류는 전기 시대를 맞아 제2차 산업혁명에 들어섰어요.
- 1900년대 중반, 제2차 세계대전이 끝난 뒤 과학기술의 시대로 들어서면서 원자력, 컴퓨터, 항공우주공학, 생명공학 등 연이은 과학 기술들의 획기적 발전을 통해 제3차 산업혁명을 맞게 됐답니다.
- 제4차 산업혁명은 AI와 친환경에너지, 로봇기술, 양자정보기술, 제어핵융합, 가상현실, 생명공학 등을 위주로 일어나는 기술혁명이에요.

"세상에는 말만 하는 사람보다 꿈을 꾸고 행동하는 사람이 더 필요합니다."

"성공이란 단순히 목표를 이루는 것이 아닌 지속적으로 더 발전하고 한계를

극복하는 일입니다."

"리더십이란 다른 사람이 무대 위에서 빛날 수 있도록 해주는 것입니다."

"훌륭한 아이디어는 누구에게서든 어디서든 나올 수 있습니다. 다만 중요한 것은 이런 아이디어가 빠르게 발전할 수 있는 환경을 만드는 것이죠."

"실패는 끝이 아닌 새로운 배움의 여정이자 성장의 기회입니다."

"항상 질문을 하고, 답을 찾아야 합니다."

"똑똑한 사람은 옳은 일에 집중합니다."

"다른 방식으로 사고하는 것을 두려워하지 말고, 현재 상황을 넘어서고자 도전하는 것을 겁내지 마십시오."

"미지의 것을 마주하고, 변화를 받아들이는 것이야말로 성공을 향한 진정한 돌파구입니다."

"열린 마음으로 협력하고 파트너 관계를 유지하는 것이 발전과 혁신을 이끄는 핵심입니다."

"가장 강력한 기술은 다른 사람의 능력을 향상시키는 기술입니다. 자신만의 핵심 신념을 갖고, 매일 목표를 점검하며, 온 힘을 다해 꾸준한 의지로 그것을 추구하십시오. 더불어 당신이 사랑하는 사람과 함께 손을 잡고 여정에 오르는 것, 그것이 바로 엔비디아의 이야기입니다."

"엔비디아는 가속 컴퓨팅과 AI 컴퓨팅 분야를 개척해 왔습니다. 하지만 이는 매우 큰 시장으로 미래에 AI는 스마트폰과 PC, 로봇, 자동차는 물론이고 전 세계의 클라우드와 데이터센터에까지 스며들 것입니다. 앞으로 10년 안에 컴퓨팅의 재편을 목격하게 될 것이며, 모든 산업이 AI의 영향을 받게 될 것입니다. 그야말로 AI가 모든 걸 바꾸게 되겠죠."

"저는 제 일을 사랑하고, 제 가족도 제 일을 사랑합니다. 여러분이 테니스를 좋아한다면 여러분의 가족도 테니스를 싫어하지 않을 겁니다. 그들은 여러분이 행복하길 바랄 테니까요. 그래서 제가 엔비디아를 경영하며 느끼는 기쁨과 만족, 행복을 가족과 나누면 그들도 똑같이 엔비디아를 사랑해 줍니다."

"괴로움과 고통을 충분히 즐길 수 있길 바랍니다. 위대한 일을 성취할 때 항상 즐겁기만 한 것은 아니니까요."

"항상 우리 회사가 언제 파산할지 모른다고 생각합니다. 우리가 어떤 성과를 거두고 있는 동안 다른 사람도 엄청난 일을 이뤄내고 있을지 모르니까요. 이런 경각심을 속으로 갖고 있지 않는다면 회사는 언제든 문을 닫을 수 있답니다.”

“대부분의 경우 CEO는 즐거운 자리가 아닙니다. 항상 압박에 시달리는데, 지난 33년 동안 저는 매일 매 순간 압박감을 느끼며 살았습니다. 자그마치 33년 동안 매 순간 회사와 고객, 시장에 대한 무거운 책임감을 느낀 겁니다. 이런 압박감은 지금껏 단 한순간도 저를 떠난 적이 없었습니다.”

“다시 서른 살로 돌아간다면 전 엔비디아를 창업하지 않을 겁니다. 이유는 간단합니다. 엔비디아를 세우는 게 제 예상보다 100만 배는 힘들었거든요.”

“만약 서른 살로 다시 돌아간다면 일이든 가정이든 저는 같은 사람들과 같은 일을 하기를 선택할 거 같아요. 그때보다 더 잘할 수 있을 거 같지 않거든요. 왜냐하면 그때 저는 제가 하는 모든 일에 정말 최선을 다했으니까요.”

“스스로 믿는 일을 고집하고 싶습니다. 제 인생의 계획이라면 후회를 남기고 싶지 않기 때문에 성공할 수 있는 목표만 이루려고 하지는 않는 겁니다. 젊은 세대 여러분에게 조언을 하자면 나이를 먹은 뒤 후회하지 않도록 바라는 것을 용감하게 좇으십시오.”

“저는 현재 세계에서 가장 오랜 시간 동안 IT 업계 CEO로 일하고 있는 사람일 것입니다. 지난 31년 동안 저는 한 번도 파산을 하거나 번아웃을 겪거나 해고당한 적이 없답니다. 이렇게 끝내 이뤄낸 것이 얼마나 기쁜지 모릅니다."

"핵심적인 신념을 품고 매일 마음속으로 목표를 되짚어 보며 최선을 다해 꾸준히 그것을 좇고, 더불어 당신이 사랑하는 사람과 그 여정을 함께하는 것이 바로 엔비디아의 이야기입니다."

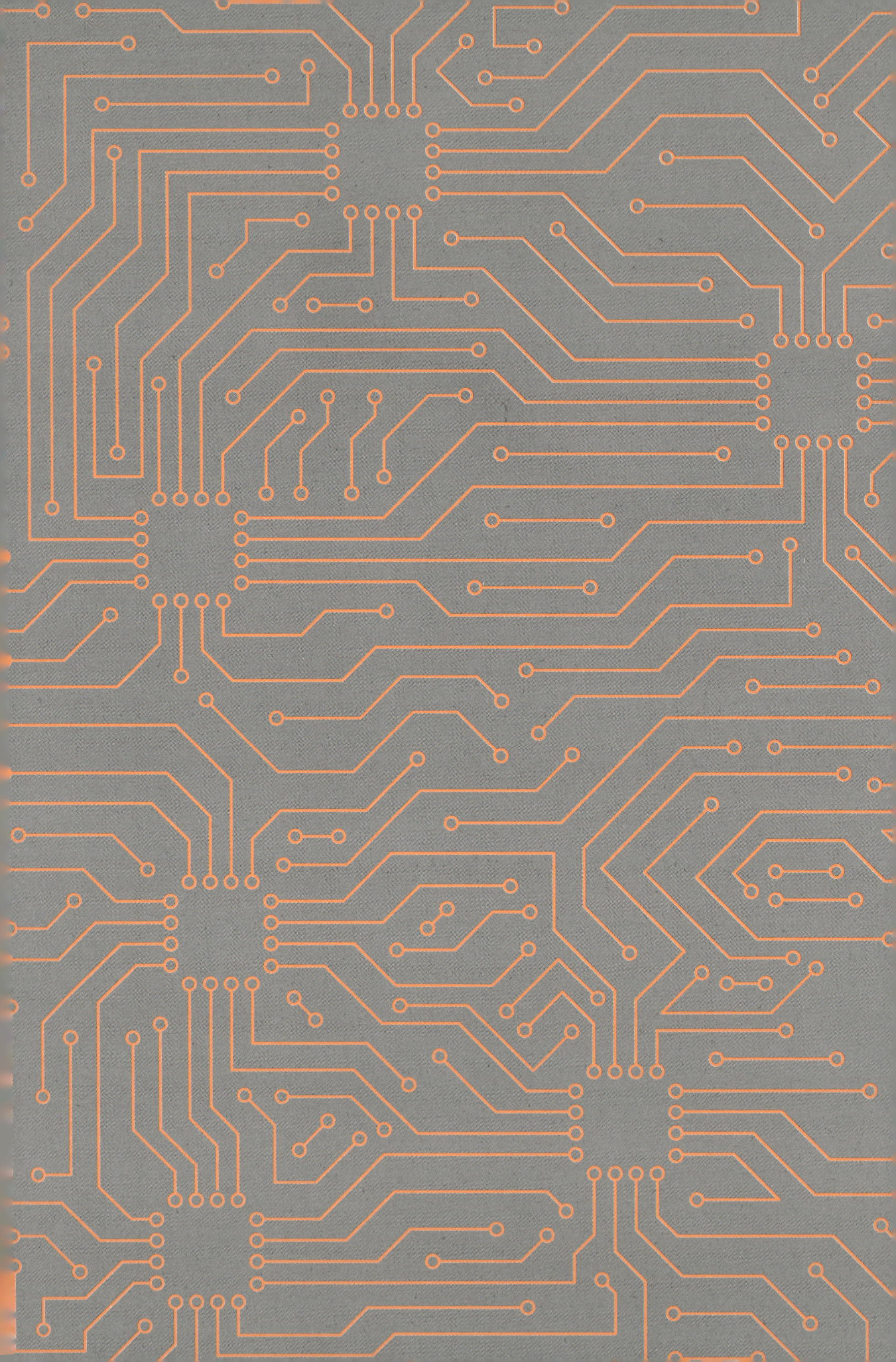

제2의 젠슨 황을 꿈꾼다면

신지나 『AI 시대에도 살아남는 미래 직업 이야기』 저자

새해가 시작되면 미국의 라스베이거스는 IT 전문가와 미디어 취재진으로 북적입니다. 바로 한 해의 IT 트렌드를 미리 만나게 되는 세계 최대 가전·IT 제품 전시회인 CES가 열리기 때문입니다. 2025년 CES 개막을 알리는 기조연설에서 전 세계의 관심을 받은 사람이 있었는데요. 바로 엔비디아의 CEO 젠슨 황입니다. '지금의 AI 세상을 누가 이끌고 있는가?'라는 질문에 빠질 수 없는 IT 리더이기 때문이죠.

그렇다면 사람들은 왜 젠슨 황의 말에 주목하는 것일까요? 젠슨 황이 이끄는 엔비디아의 GPU에서 먼저 그 답을 찾을 수 있습니다. 전문가들은 AI가 없는 세상은 점점 더 상상하기 어려워질 것이라고 합니다. 이미 우리의 일상이 된 AI를 작동하게 하는 중요한 하드웨어가 바로 GPU인데요. AI의 딥러닝은 연산하는 과정이 매우 많은 양의 행렬곱셈(두 행렬을 서로 곱하여 새로운 행렬을 구성하는 연산)으로 이루어져 있어요. GPU는 이러한 행렬연산을 동시에 여러 개로 나누어 계산할 수 있는 반도체입니다. 기존의 CPU가 복잡한 계산에 용이하지만 순차 처리 방식이라서 연산에 시간이 소요되는 반면, 한 번에 여러 연산을 처리하는 GPU에는 '빠른 속도'라는 강점이 있답니다. 그중 엔비디아의 GPU는 성능이 매우 뛰어나서 다른 경쟁기업들과 차별화된 세계 1위의 제품으로 인정받고 있습니다.

2025년 말, 경주 APEC 행사로 각국의 리더들이 한국을 방문하여 전 세계적 관심을 받을 때 모든 뉴스를 단박에 삼켜버린 놀라운 소식이 전해졌습니다. 같은 시기 한국을 방문한 젠슨 황이 우리나라에 26만 개의 GPU를 제공하겠다고 발표한 것이지요. 얼핏 들으면 마치 '공짜'로 제공하는 것처럼 보이기도 하지요? 26만 개의 GPU를 '구매'하는 것인데도 말이에요. 엔비디아의 GPU를 한국에 '우선적'으로 제공한다는 사실만으로도 전 세계의 AI 관련 시장을 술렁이게 한 것입니다. 젠슨 황이 약속한 대로 26만 대의 GPU가 한국에 판매된다면 우리나라는 미국, 중국에 이어 'AI 3강'으로 위상이 올라가게 된다는 뉴스가 쏟아져 나왔습니다. AI 개발에 있어서는 엔비디아의 GPU를 보유했다는 사실만으로도 국가 경쟁력에 영향을 미친다는 뜻이지요.

앞으로도 한동안 엔비디아의 GPU를 대체하기는 어려울 것이라는 전문가들의 평가를 종합해 보면 AI를 적용하는 모든 분야에서 엔비디아의 기술은 가장 핵심적인 자리를 차지하고 있다고 할 수 있어요. 이러한 이유로 엔비디아 CEO 젠슨 황의 기조연설은 폭발적인 관심을 갖게 되었습니다. 게다가 그의 연설 내용에 따라서 관련 투자와 주식시장이 요동을 치는 것을 보면 '21세기 IT 황제'는 젠슨 황이라하고 해도 반박하기 어려운 상황입니다.

젠슨 황의 성공 요인

이미 우리는 젠슨 황의 일대기를 통해서 그가 어떤 삶을 살아왔고, 어떻게 전 세계 시가총액 1위를 자랑하는 회사 엔비디아를 성공적으로 키워냈는지 살펴보았습니다. 젠슨 황은 우리가 위인전에서 만나는 인물들과는 조금 다른 모습을 보입니다. 흥미롭게도 21세기를 가장 혁신적으로 이끌고 있는 젠슨 황은 유쾌하고 인간적인 모습으로 다가옵니다. 그럼에도 업무의 방향을 잘 이해하지 못하는 직원들에게 '혼이 나갈 정도'로 질책하는 무서운 상사로도 유명합니다.

하지만 반전이 있답니다. 그는 IT 업계에서 수시로 해고를 반복하는 다른 기업과 달리 조직 내에서 인력의 재배치를 통한 해법을 찾는다고 합니다. 이를 통해 직원들이 능력에 맞게 일하도록 하는 '책임감' 있는 리더의 면모를 볼 수 있기도 합니다. 실용주의에 근거한 그의 철학과 맞닿아 있다고 할 수 있지요. 어설픈 관대함으로 리더십을 포장하는 대신 다소 엄하더라도 각자 재능에 맞게 직원들의 실력을 키워주고, 함께 성장하는 비전을 가진 리더라고 볼 수 있습니다.

우리는 몇 가지 키워드로 그의 세계관을 엿볼 수 있습니다. 바로 '현실적인 실행가', '실력 있는 전문가', '끊임없이 공부하는 학습자'라는 점입니다.

먼저 현실적인 실행가로서의 젠슨 황을 볼까요? 그는 엔비디아의 GPU를 개발하던 30여 년 전에 작은 꿈을 갖게 됩니다. 게임의 그래픽 해상도를 높여서 생동감 넘치는 게임을 사용자들이 즐기게 하고 싶다는 매우 현실적이고 실용적인 목표를 가진 것이지요. 그리고 이를 실현시킬 기술 지식이야말로 당시 그에게 중요한 자산이 되어주었습니다. 물론 누구도 시작하지 않은 길이기에 시련도 많았지만 대다수의 게임 이용자가 희망하는 바를 제대로 파악했음은 분명합니다. 머지않아 엔비디아는 게임 시장의 판도를 흔드는 기업이 되었고, 이제는 글로벌 IT 기업으로 우뚝 성장했습니다. 우리에게 첫 시작이 소박해도 괜찮다는 응원을 건네는 것 같지요? 지금 우리가 생각한 목표가 세상을 아주 조금 바꾸는 일이라 하더라도 용기를 갖고 시작하는 것이 얼마나 의미 있는 일인지 생각해 보기 바랍니다.

다음으로 실력 있는 전문가로서의 젠슨 황을 살펴봅시다. 젠슨 황은 다른 기업의 CEO들이 경영학이나 소프트웨어 분야를 전공한 경우가 많은 것과 달리 대학에서 전기공학을 석사까지 공부했을 만큼 하드웨어와 시스템 설계 분야에 최고의 지식을 가지고 있었습니다. 순수 공학 기반 CEO라는 점입니다. 전공 덕분에 젠슨 황은 자신이 지닌 기술력으로 어떤 시장을 창출할 수 있는지를 먼저 고민하는 사고의 틀을 가지게 됩니다. 그가 직접 새로운 반도체와 플랫폼을 설계하고 평가할 수 있는 엔지니어로서의 전문성을 가지고 있다는 점은 엔비디아 성공의 핵심 요소라고 할 수 있습니다.

AI 플랫폼인 'CUDA'를 2007년도에 도입하면서 엔비디아는 또 한 번의 도약을 하는데요. CUDA는 하드웨어인 GPU의 병렬계산능력을 소프트웨에서도 활용할 수 있는 플랫폼으로 개발되었습니다. 기존의 GPU가 그래픽 전용이었다면 CUDA 플랫폼은 AI, 시뮬레이션, 데이터 연산 등 다양한 기능을 일반 컴퓨팅에 활용할 수 있도록 도와주는 것이죠. 이로써 AI 시장은 폭발적으로 성장하게 되는 전환점을 맞게 됩니다.

마지막으로, 끊임없이 공부하는 학습자로서의 젠슨황을 기억하세요. AI 시대에는 공부할 필요 없이 생성형 AI에 질문하고 답을 얻으면 되지 않느냐는 질문을 종종 받곤 합니다. 하지만 AI 세상으로 깊숙하게 들어갈수록 사용자의 높은 학습 능력이 얼마나 중요한지 알게 됩니다. 그래서 이미 세상에서 가장 영향력 있는 기업을 이끌고 있는 젠슨 황은 현재에 만족하지 않고 학습 진행형 CEO로 노력하고 있습니다. 그는 미래를 향해 갈 때마다 놀랄 만한 학습 능력을 보여주고 있지요. 그의 엔비디아 역시 사업과 연구를 병행하는 '연구하는 회사'의 이미지에 가깝습니다.

대표적 사례로, 어느 날 엔비디아에 새로 입사한 개발자 브라이언 카탄자로가 젠슨 황에게 앞으로 AI 시대가 올 것이라고 하니 젠슨 황은 그날부터 AI 공부에 몰두하고, 얼마 지나지 않아 AI에 대해 카탄자로 보다 더 많이 알고 있을 정도로 놀라운 성장을 보였다고 합니다. 그래서 '어제까지는 GPU 회사였던 엔비디아가 오늘 출근해 보니 AI 회사로 변모해 있었다'고

직원들이 느낄 만큼 빠르게 AI 체계로 회사를 전환했다고 하죠. 첨단기술을 이끌고 매번 새로운 도전을 하는 젠슨 황의 경쟁력은 쉼 없이 공부하고 문제를 해결해 가는 겸손한 학습자적 태도에서 나온다고 할 수 있겠습니다. 그렇다면 젠슨 황이 바라보는 AI의 미래는 어떨까요?

AI 시대에 살아남는 젠슨 황의 질문

젠슨 황이 자신의 회사가 'AI 팩토리'로 전환되고 있다고 말한 것처럼 오늘날의 IT 산업은 AI 중심으로 매우 빠르게 나아가고 있습니다. 전 세계는 AI 산업의 기반이 되는 인프라에 주목하고 있지요. 바로 그 AI 인프라 영역에서 독보적으로 선두에 있는 젠슨 황과 엔비디아의 행보가 미래 AI 산업의 깃발과 같은 역할을 한다고 평가되고 있습니다.

1993년 창업한 젠슨 황의 당시 엔비디아는 게임의 그래픽이 좀 더 다이내믹해지길 바라는 작은 희망에서 미래를 준비했습니다. 앞으로 다가올 거대한 AI 흐름의 중심이 될지 모른 채 말이죠. 이제 30여 년이 지난 엔비디아는 미래 그 자체를 디자인하는 회사로 성장하였고, AI 시대에 나침반과 같은 역할을 하고 있습니다. 그래서 전 세계 사람들이 젠슨 황의 엔비디아가 새롭게 도전하는 분야에 큰 관심을 가지고 지켜보는 것입니다.

젠슨 황이 언젠가 언론과의 인터뷰에서 AI 시대에 살아남는 방법에 대해 이야기한 적이 있습니다. 그는 다음의 질문에 답할 수 없다면 미래에 살아남을 수 없을 것이라며 다소 강한 어조로 하나의 질문을 던졌습니다. 바로 "나는 AI로 어떻게 더 나의 일을 잘할 수 있을까?"라는 질문입니다. 조금 더 구체적으로 예시를 든다면, 의사라면 AI를 통해서 어떻게 더 좋은 의사가 될 수 있는가, 교사라면 AI를 통해서 어떻게 더 좋은 교사가 될 수 있는가, 작곡가라면 AI를 통해서 어떻게 더 좋은 작곡가가 될 수 있는가를 고민해야 한다는 것입니다. 그리고 고민에 그치는 것이 아니라 어떻게 실천할 것인가를 위한 준비와 실력이 없다면 'AI 필수'시대에 살아남지 못한다는 의미를 담고 있습니다.

이제 우리도 젠슨 황이 던진 질문에 답을 준비해야 할 시간입니다. 이미 시작된 AI 시대에서 우리의 꿈을 펼치고 슬기롭게 살아가기 위한 각자의 길을 찾아야 할 때라는 의미입니다. 우리에게 남겨진 이 질문에 답을 찾아가는 과정이 우리를 AI 세상에서 제대로 길을 안내해 주는 등대가 되어주길 바라면서요. 그 첫걸음은 가장 빠른 변화가 일어나고 있는 IT 세상의 흐름을 이해하고, 더불어 미래에 영향을 미치는 외적인 요인들에 대해 알아보는 것입니다. 이를 통해 미래의 문을 여는 각자의 열쇠를 가지게 될 것입니다. 이제 미래에 한 걸음 더 다가가서, 달라지고 있는 세상을 들여다볼까요?

21세기 '문명'이 된 AI

앞으로는 'AI를 제외한 미래'를 상상할 수 없는 세상입니다. 2016년, 인공지능 프로그램 알파고와 이세돌 9단의 세계적 대국 이후 10년이 흘렀습니다. 과거에는 그 현실화 가능성에 대해서 의구심이 들었던 많은 분야에서 AI가 적용되어 새로운 작업 방식과 서비스를 제공하고 있습니다. 이제 이전보다 한 차원 발전한 AI 시대를 살게 되는 우리의 미래는 어떻게 달라질까요?

의료 분야에서는 AI를 활용해 암을 진단하고 안과 질환을 영상으로 판독하고 진단하는 기술이 개발되었습니다. 인간 의사라면 놓칠 수도 있는 초기 병변을 정밀한 망막 스캔 이미지를 통해 찾아내서 의사의 진단 정확도를 높여주는 데 활용되고 있지요. 또한 한국의 루닛이라는 회사에서는 폐암 등을 엑스레이 또는 CT 영상에서 찾아내는 AI 기술을 개발해 국내 병원에서 실제로 적용하고 있습니다.

인체에 직접적인 영향을 미치는 신약을 개발하는 분야에서도 AI가 적극적으로 활용되고 있습니다. 이전에는 하나의 신약을 개발하고 승인을 받기까지 길게는 5년에서 10여 년이 걸렸고, 그 만큼 많은 투자가 필요한 영역이었습니다. 그러나 최근에 인실리코메디슨이라는 제약회사는 AI 플랫폼을 활용해 짧은 기간 내에 신약후보물질을 설계하고 임상시험 단계까지 진입하는 등 신약 개발 시간을 크게 단축하는 데 성공했습니다.

또한 금융 분야에서도 AI의 역할이 중요해지고 있습니다. JP모건체이스는 AI 시스템을 활용해 길고 복잡한 계약서를 단 몇 초 만에 검토하는 등 업무 효율을 높이고 있습니다. 마스터카드는 AI로 사기 거래 패턴을 분석해 이상 신호가 감지되면 즉시 고객에게 알림을 보내 사기 피해를 방지하는 데 기여하고 있습니다.

AI가 가장 먼저 상용화된 분야 중 하나는 제조업입니다. 독일의 가전회사 지멘스는 AI를 통해 기계 오류를 사전에 예측하고 고장을 방지함으로써 생산 중단이나 불량품을 최소화하기 위해 노력하고 있습니다. 중국의 샤오미는 충칭에 '다크 팩토리'를 운영 중에 있습니다. 제조 과정이 모두 로봇으로 진행되어 24시간 공정이 가능하고, 인간이 일할 때처럼 밝은 제조 환경이 필요하지 않아 어둡게 조도를 낮추고도 생산이 가능하기 때문에 '깜깜한 공장', 즉 다크 팩토리가 가능하다는 것입니다.

본격적으로 AI가 소개되었을 때 가장 기대감을 고조됐던 분야가 바로 자율주행차가 아니었을까요? 테슬라나 구글의 웨이모를 비롯해 벤츠, 현대자동차 등 내연기관 제조사들도 이미 자율주행에 필요한 주요 기술력을 보유하고 있으며, 더 정확하고 안전한 주행을 위해 AI의 도움을 받아 지속적으로 개발 중입니다. 미국 캘리포니아에서는 이미 사람이 운전하지 않는 무인 택시가 운행을 시작했습니다.

교육 분야는 코로나로 인해 비대면 교육의 필요성과 중요성이 증가하면서 적극적으로 AI를 활용한 교보재 개발에 주력하고 있습니다. 교육과정에 AI를 포함해 보다 쉽게 학습할 수 있도록 커리큘럼을 계획하고, AI 튜터로 외국어를 배울 수 있는 프로그램을 제공하고 있습니다. 이 과정에서 학습자의 반복되는 실수를 분석해 주고 그 이유를 설명하는 등 개인 맞춤형으로 지도를 해준다는 점에서 큰 교육효과를 기대하고 있지요.

그 밖에 공공 행정 분야와 법률 분야에서도 AI를 활용한 시스템 변화가 일어나고 있습니다. 우리나라는 세계적으로 우수한 AI 전자민원 서비스를 운영하고 있고, 이 덕분에 반복적이 거나 단순한 민원 대응에서 벗어나 공무원들이 보다 중요한 행정 업무에 몰입할 수 있게 되었습니다. 이용자인 국민 입장에서도 상담원과 연결될 때까지 여러 단계를 거치지 않고 궁금증을 해결할 수 있는 방식에 만족도가 높아지고 있다고 합니다.

법률 분야는 대표적인 고학력 전문가의 영역으로 분류되어 왔는데요. AI의 등장으로 가장 큰 변화를 맞고 있습니다. 많은 시간을 들여 판례와 여러 법률 지식을 탐색해야 하는 시간을 AI 법률 검색 시스템을 통해 획기적으로 단축시켰기 때문입니다. 일반 대중도 어렵지 않게 정보에 접근할 수 있게 되어 기존의 높았던 법의 문턱을 낮추는 효과를 주고 있습니다. 실제로 얼마 전 영국에서는 대표 변호사만 인간이 담당하고 다른 부분은 AI 법률 시스템을 도입한 회사가 정식 로펌으로 승인을 받았다는 소식이 전해지기도 했습니다. 이처럼 우리는 AI가 우리 인류의 삶 곳곳에 영향을 미치는 AI 시대에 발을 들이게 된 것입니다.

　CES 2026 기조연설에서 젠슨 황은 이전의 AI가 추론하고 분석하는 '사고'의 영역에 머물렀다면 이제 본격적으로 '행동'하는 AI로의 대전환의 시대가 왔음을 선포했습니다. 그가 강조한 것은 피지컬 AI와 에이전틱 AI라는 개념입니다.

　아직은 낯설게 여겨지지만 피지컬 AI는 우리가 사는 세상에 AI가 물리적으로 등장하는 것을 말합니다. 더 이상 스마트폰이나 노트북에서 문자와 음성으로 접하는 AI가 아니라 우리의 손으로 직접 만질 수 있는 실체인 로봇을 떠올려 보면 이해하기 쉬울 것입니다. 다시 말해서 수술하는 로봇, 자율주행이나 제조업, 서비스업에 사용되는 기계의 모습으로 현실 공간에서 만나게 되는 AI를 뜻하지요. 요리를 하거나 빨래를 개고, 할머니 할아버지의 말벗이 되어드리고, 또 제때 약을 드시도록 도와주는 로봇들이 등장하게 된 것이죠. 산업현장에는 자동차를 설계부터 직접 바퀴를 달고, 차체를 조립하는 전 과정에서 '움직이는 로봇' 즉, 행동하는 AI가 담당하게 된답니다. 2026년 CES에서 우리나라 현대자동차가 개발한 '아틀라스'라는 로봇이 월등한 성능으로 구매자들의 마음을 사로잡은 바 있습니다.

　지금도 대표적인 자동차 제조사들은 로봇을 차량 제조의 전

과정에 투입되고, 인간 관리자는 모니터링을 하거나 심각한 문제가 생겼을 때만 직접 처리하는 방식으로 업무를 분담하고 있습니다. 이미 제조 과정의 간단한 문제들은 로봇들이 자체적으로 수정하고 대응할 수 있을 정도로 기술력이 높아졌기 때문이죠. 이러한 기술 발전이 가능하게 된 것은 엔비디아의 우수한 GPU 덕분이라는 것을 젠슨 황이 강조하고 있답니다. 게다가 그는 엔비디아의 기술과 결합해서 앞으로 피지컬 AI가 더 빠르게 확산될 것이라고 전망합니다.

우리는 '행동'하는 AI 시대를 맞이하고 있습니다. 이는 기존과 달리 보다 다양하고 복잡한 AI 기술이 우리 일상에 적용될 것을 의미합니다. 스마트폰과 노트북을 뚫고 나온 현실의 AI와 본격적으로 만나게 되는 것이기도 합니다. 이제 인류 문명에 한 축으로 AI가 참여하게 될 것이라는 신호탄이기도 합니다.

이미 시작된 '미래', 우리 앞에 놓인 '기회'

앞에서 이야기했듯 2026년 CES를 통해 엔비디아는 차세대 AI 슈퍼컴퓨팅 플랫폼 루빈을 소개하고, 피지컬 AI의 현실화를 증명했습니다. 무엇보다 놀라운 것은 모든 AI 모델의 오픈

소스 전략을 발표했다는 것입니다. 자신들만 연구하고 상용화해서 기술 장벽을 높이겠다는 것이 아니라 이제는 피할 수 없는 AI문명으로의 진입을 전 세계가 함께할 수 있도록 오픈소스 정책을 채택한 것입니다. 이는 인류애적인 공동체의식도 바탕에 있지만 그럼에도 경쟁사가 따라올 수 없는 엔비디아만의 독보적인 기술력에 대한 자부심과 자신감에서 비롯된 결정이라고 볼 수 있습니다. 여기서 다시 한번 젠슨 황 성공의 키워드인 '실력'을 갖춘 준비된 사람만이 AI 문명이 가득 찰 미래라는 운동장을 얼마나 넓게 활용할 수 있는지 보게 됩니다.

이제 지구촌 곳곳에서 인터넷만 연결되어 있다면 AI를 통해서 자신이 하고자 하는 일들을 현실화할 수 있는 세계가 펼쳐지는 것입니다. 누구나 AI의 작동 방식을 이해하고 활용할 수 있다면 자신의 분야가 음악이든 의학이든 건축이든 상관없이 이전의 생산성과 다른 결과물을 얻어낼 수 있다는 의미이기도 합니다.

그러나 여기서 우리는 한 가지 전제를 잘 이해해야 합니다. 누구나 AI의 작동 방식을 이해하고 자신이 원하는 방식으로 활용할 수 있어야 하지만 실제로는 그렇지 못하다는 사실입니다. 일단 AI를 활용하는 방식이 점점 더 단순화되고 편리하게 진화하고 있다는 것은 분명합니다. 그러나 그것은 어디까지나 '이용자'의 입장으로, AI를 활용해 새로운 가치를 만들고 새로운 이용자를 끌어들여 수익을 발생시켜야 하는 생산자의 입장에서는 AI를 제대로 활용하는 전문인력 부족을 호소하고 있답니다. 나날이 그 기능과 적용 분야가 고도로 발전하는 AI를 효율적으로 학습하고 활용한다는 것은 많은 시간과 노력이 필요합니다. 그만큼 산업현장에서는 AI 실력을 갖춘 전문가들을 구하고자 한다는 의미입니다. 바로 여러분들의 도전을 기다리고 있는 핵심 분야라고 할 수 있습니다.

위기와 기회가 공존하는 미래를 향한 우리의 준비

마치 만능열쇠처럼 AI가 모든 문제를 해결해 줄 것 같지만 세계는 심각한 기후 위기와 고령화라는 커다란 장벽에 직면해 있습니다. 이런 상황에서 우리는 어떤 도전을 통해 위기를 기회로 만들어갈 수 있을까요?

제대로 질문하기

여러분은 미래에 대해서 진지하게 생각해 본 적이 있나요?

한 번도 가지 않은 길인 여러분의 미래가 어떻게 펼쳐질지 궁금하지요? 우리는 아날로그와 디지털이 공존하는 세상에서 빠르게 디지털 중심의 세상으로 휩쓸려 가고 있습니다.

이 변화의 시기에 우리가 보고 듣고 학습하고 체험하는 그 모든 것이 미래의 귀한 자산이 될 것입니다. 여러분이 쌓아가는 이러한 경험이 바로 여러분의 미래를 향한 눈이 되어줄 것입니다. 즉 우리 모두는 자신만의 길라잡이가 될 안목이 있다는 것입니다. 또 한편으로는 우리 모두는 각자의 시선, 즉 각자 아는 크기 만큼만 미래를 바라보게 된다는 의미이기도 합니다. 이러한 안목을 키우는 방법 중 하나는 '자신에게 던지는 질문'에서 시작할 수 있습니다. 여러분은 스스로 답을 하고 싶은 미래를 향한 질문이 있나요? 궁금증이 있는 사람만이 비전을 그릴 수 있고, 그 과정에서 만날 수많은 실패를 두려워하지 않는 동기를 갖게 됩니다. 성공할 때까지 자신의 질문에 답을 얻지 못한 것이니까요. 그래서 여러분은 이제 10년, 20년 후의 자신이 어떤 일을 하게 될지 나만의 질문을 만들어가야 합니다.

앞에서 설명한 바와 같이 미래로 향하는 첫 번째 준비는 AI 시대의 급변하는 트렌드를 이해하는 데서 출발합니다. 그리고 이제는 피할 수 없는 기후 위기와 고령화 사회 등 외부 변수를 분석하고 그 영향 속에서도 꼭 이루고 싶은 자신의 미래 모습에 대해 '제대로 질문하기'를 해야 합니다. 그 질문에 답을 찾아가는 과정에서 우리가 맞이할 일자리의 모습도 달라지고 있음을 깨닫게 될 것입니다.

최근 AI가 빠른 속도로 다양한 산업에 적용되는 상황 속에서 우리 미래의 일자리에 대한 우려가 담긴 목소리를 어렵지 않게 들을 수 있습니다. 어떤 전문가들은 AI가 직업 세계에 큰 변화를 끼쳐 마치 포식자처럼 기존의 일자리를 대체할 것이라고 경고하고 있습니다. 반면 또 다른 전문가들은 오히려 AI가 새로운 일자리를 창출하는 데 도움을 줄 것이라고 하면서, 사라지는 직업에 대한 우려를 '호들갑'이라고 비판하기도 합니다. 지난 10여 년간의 직업 지형도가 변화하는 것을 보면 이 양측의 의견은 맞기도 하고 틀리기도 한 것 같습니다. AI 연구가 활발하게 이루어지고 AI산업에 많은 투자가 일어나는 국가의 일자리는 일부 늘어나고 있는 것이 사실입니다. 그러나 전 세계 200여 개의 국가 중에 이렇게 AI 시대를 적극적으로 활용할 수 있는 역량이 있는 국가는 많지 않습니다. 안타깝게도 대다수 국가에서는 AI의 등장이 일반 노동자뿐 아니라 엘리트 전문직의 몰락까지 가져올 것이라는 전망에 적절한 대응을 하고 있지 못한 것도 사실입니다.

심지어 AI 강국인 미국과 유럽에서도 금융 분야의 고소득

직업인 애널리스트가 AI 기반 슈퍼컴퓨터의 도입으로 대량 해고의 위험에 처해 있습니다. 제조 분야에서는 24시간 쉬지 않고 일할 수 있는 로봇 일꾼에 대한 기대가 커지고 있습니다. 로봇만 일하는 '무인 공장'이 속속 등장하면서 인간의 일자리를 대체하고 있다는 뉴스가 더 이상 낯설지 않을 정도입니다. 우리나라도 AI로 인한 지구촌 전체의 위기를 함께 겪고 있지만 다행한 것은 상당한 기회 또한 지니고 있는 AI 강국으로 꼽힌다는 사실입니다. 여러분이 AI 시대를 이끌 수 있는 우리나라에서 태어난 것은 행운이라고 할 수 있답니다. 동시에 이러한 기회를 현실로 만들어갈 여러분들의 행동과 노력이 남아 있다는 의미이기도 하지요.

나만의 질문을 위한 지식의 사다리

여러분은 제2의 젠슨 황이 되고 싶나요? 실패에도 굴하지 않는 의지와 열정 그리고 꿈을 실현시킬 수 있는 실력을 키우는 노력을 닮아가는 것은 매우 바람직한 방향입니다. 그러나 더 중요한 것이 있습니다. 젠슨 황을 통해서 배워야 할 것은 이민자로서 인종 차별을 당하고 경제적 어려움까지 겪던 젊은 날의 젠슨 황이 그 시기에도 좌절하지 않고 '자신의 꿈'을 품었다는 점입니다.

여기서 '꿈 휩쓸리기'에 거리를 두어야 합니다. 우리는 종종 위대해 보이는 누군가가 달리기를 해서 멋있어 보인다며 자신이 좋아하지 않아도 달리기에 가치를 부여하고 자기 인생의 귀한 시간과 노력을 투자하는 경우가 있습니다. 그러나 그것은 우리가 진심으로 바라는 방향이 아닐 수 있습니다. 우리 각자는 자신만의 꿈을 가지고 살아가야 합니다. 그렇다면 지금 여러분은 나만의 꿈이 있는지요?

우리에게 꿈은 무엇일까요? 단지 어떤 직업을 가지고 싶다든가 운동선수, 연예인, 돈을 잘 버는 유튜버가 되는 것을 꿈이라고 하기에는 부족합니다. 100년도 넘는 인생을 살아갈 여러분이 일생 가슴에 품고 살아가기엔 말입니다. 오히려 '내게 주어진 100년의 삶을 어떻게 의미 있게 살아갈 것인가' 그리고 '나는 내 긴 인생을 통해서 무엇을 가장 가치 있게 생각할 것인가'부터 생각하기를 권합니다. 지금의 세계적인 젠슨 황을 있게 한 것은 그만의 '꿈'이 있었기 때문임을 기억하면서 말입니다.

그렇다면 이제 여러분은 자신만의 꿈을 품을 준비가 되어 있는지요? 우주로 향하는 꿈 그리고 알약 하나로 기아 문제를 해결하는 꿈 등 아직은 구체적인 지식이나 기술을 가지지 못해도 그러한 꿈을 꿀 수 있는 것은 상상력에서 나옵니다. 우리는 상상력이랑 친한가요? IT 이야기를 하면 딱딱하고 공학적이고 복잡한 무언가라고 여길 수 있습니다. 그러나 여러분의 손안에서 떨어지질 않는 스마트폰이 어느 엔지니어의 상상력에서 시작되었다는 것을 알고 있나요? 손안의 작은 기기로 세상과 연결되고 싶다는 상상력을 현실로 만든 사람은 바로 IT 엔지니어이자 애플의 CEO였던 스티브 잡스였습니다.

꿈을 꾸기 위해서는 상상력이 필요합니다. 그리고 상상력이 탄탄해지기 위해서는 지식과 경험이 필요합니다. 상상력에 날개가 되어줄 창의력은 지식과 경험이라는 양식을 먹고 성장합니다. 하늘을 나는 비행기를 한 번도 보지 못한 아이가 드론을 단번에 상상해 내기란 쉽지 않습니다. 그러나 하늘을 나는 비행기와 헬기를 보고 자란 아이는 드론은 물론 자동차도 하늘을 날 수 있지 않을까 상상할 수 있을 것입니다. 이것이 바로 상상력에도 지식과 경험이라는 사다리가 필요한 이유입니다. 그렇다면 미래를 준비하는 우리 각자에게 맞는 사다리를 어떻게 만들어야 하는지 알아볼까요?

실행을 위한 'AI 근육' 키우기

앞으로 10년은 AI가 모든 산업의 중심으로 자리 잡는 시대가 될 것이라는 예측에 반박하기는 어려울 것 같지요? 예를 들어 의료 분야에서는 AI가 환자의 진단을 도울 뿐 아니라 수술은 물론 질병 예방까지 전 의료 분야에서 다양한 역할을 하게 될 것입니다. 그리고 고차원적인 인간의 사고 영역으로 여겨졌던 법률, 행정, 금융에서는 상당량의 업무가 인간의 개입 없이도 자동화로 수행되는 시대를 맞이하게 될 것입니다. 나날이 발전하는 AI 기술은 자율주행차를 더욱 발전시키고 개인용 드론을 타고 세계를 여행하는 경험도 선사할 수 있겠지요. 한 걸음 더 나아가 우주산업으로의 진출은 인류에게 또 하나의 삶의 터전을 개척하기 위해서 지금과는 차원이 다른 높은 수준의 기술적 발전을 요구하게 될 것입니다.

이러한 변화 속에서 여러분이 '제대로 질문하기'에 이어서 그 답을 찾기 위한 '지식의 사다리' 만들기가 중요하다는 이야기를 나누었습니다. 이제 본격적으로 준비해야 하는 것은 '제대로 AI 만나기'입니다. 막연히 어려운 분야라고 생각하기 전에 AI 기술에 대한 이해와 활용하기에 친숙해질 필요가 있습니다. 달리 말하면 'AI 근육'을 키워 AI 실력을 탄탄하게 만들어야 한다는 의미입니다. 21세기 IT 세계와 소통하기 위해서는 AI라는 언어를 모국어처럼 다룰 수 있어야 하며, 그것은 바로 AI 근육을 키우는 데서 출발합니다. 지금부터는 AI 기초 체력을 키우는 방식을 살펴보고자 합니다.

먼저, 가까운 10년을 대비한다면, 프로그래밍 언어와 머신

러닝 프레임워크(데이터 수집·모델 학습·예측·배포까지의 개발 흐름을 추상화해 구현을 단순화하는 도구) 그리고 데이터 분석 능력도 필수입니다. 전공으로는 컴퓨터과학, 데이터과학, 인공지능 관련 학과를 추천합니다. 또한 디지털화가 가속화되면서 보안 위협도 커지고 있습니다. 랜섬웨어 공격은 기업을 마비시키고, 개인정보 유출은 사회 문제로 이어집니다. 실제로 글로벌 기업들은 보안 전문가를 찾기 위해 경쟁하고 있습니다. AI 기반 네트워크 보안, 암호화 기술 등을 배우는 것이 필요합니다. 관련 전공으로는 물리학, 컴퓨터과학, 전기전자공학 전공이 적합하다고 할 수 있습니다.

또 교육, 의료, 제조 등 다양한 산업에서 활용되는 로봇을 발전시키기 위해서 인지과학, 인간-컴퓨터 상호작용HCI, 디자인공학, 로보틱스, 전기전자공학 전공에서 배우는 지식들이 큰 도움이 될 것입니다. 더불어 고령화 시대에 맞는 맞춤형 상품과 서비스에 대한 이해도를 높이는 심리학, 인문학 등의 전공도 관심 있게 볼 만한 분야입니다.

더불어 기후 위기 대응을 위한 IT 기술이 중요해집니다. 에너지 효율 데이터센터, 탄소 추적 블록체인, 재생에너지 관리 시스템이 주목받습니다. 환경공학, 산업공학, 데이터과학 전공을 기반으로 농업, 제조업, 서비스업의 융합이 필요합니다. 한

예로 우리나라의 미드바르라는 회사는 사막과 같이 척박한 땅
에서도 영양분 가득한 열매를 맺게 하는 에어로포닉스 기술을
통해 수경 농업보다 물은 90퍼센트 이상 아끼고, 생산성은 수
배 올리는 성과를 내기도 했습니다. 바로 기후 테크 기술을 활
용한 덕분인데요, 앞으로 여러분이 전통적 산업 분야에 다양한
기후 테크를 활용해 기후 위기를 극복하고 새로운 숨을 불어
넣어 줄 것이라고 기대합니다.

많은 사람이 이미 AI로 할 수 있는 것은 다 개발된 것 아니
겠냐는 회의적인 질문을 던지곤 합니다. 이미 소개된 다양한
AI 활용의 결과물인 제조·서비스 로봇이나 자율주행, 농사짓
는 AI 등을 보면서 이제 우리 미래 청소년들이 추가로 연구하
고 정복할 분야가 있을까 하는 의문을 품는 것입니다. 그러나
첨단 과학은 그 끝을 알 수 없을 정도로 방대한 분야로 진화하
고 있습니다. 새로운 발견과 개발을 통해서 인류가 수천만 년
동안 일궈온 결과물들을 짧은 시간에 발전시키고, 이전에는 상
상할 수 없었던 미래, 예를 들어 우주시대를 개막하는 등 놀라
운 세계로의 확장을 거듭하고 있습니다.

그 가운데 만약 '이 기술'이 상용화된다면 지금의 AI는 마치
계산기처럼 쉬운 기술로 여겨질 것이라는 기대감이 있습니다.
바로 양자컴퓨팅입니다. 양자컴퓨터는 기존의 컴퓨터가 0 또

는 1만을 사용하는 데 반해 0과 1을 동시에 쓸 수 있어서 여러 계산을 한 번에 실행하는 효과가 있습니다. 당연히 복잡한 문제를 기존 컴퓨터보다 빠르게 연산할 수 있다는 장점이 있지요. 그래서 여러 번 반복 실험을 해야 하는 신약 개발이나 원자 수준의 많은 계산이 필요한 신소재 및 배터리 분야, 그리고 경우의 수를 통해서 최적의 안을 도출하고 리스크를 분석하거나 안전한 거래에 필요한 암호화가 필요한 금융 분야 등을 시작으로 점차 일상의 모든 분야에 영향을 미칠 것이라고 예상하고 있습니다.

아직은 양자컴퓨팅이 기술적으로 완전히 안정화된 수준이 아니어서 상용화를 이야기하기엔 다소 이른 감이 있습니다. 한 예로 외부의 온도나 진동, 전기 잡음 등에 민감해서 우리 산업이나 공공서비스에 양자컴퓨팅을 적용하는 데는 시간이 더 소요될 것이라고 합니다. 그나마 가장 근접해 있는 양자컴퓨팅의 한 방식을 적용해 제대로 연산하기 위해서는 영하 273도를 유지해야 하는데, 그 냉각 장치의 비용이 매우 비싸서 일반 기업들이 접근하기에 장벽이 높은 것도 사실입니다. AI 초기 평가를 생각하면 양자컴퓨팅이 직면한 지금의 문제점은 해소되기에 큰 장벽은 아닐 수 있습니다. AI가 처음 이름을 가지게 된 해가 1956년입니다. 이미 주요 알고리즘은 그즈음에 거의 개발이 되었지만 이후 30~40년의 긴 냉담의 시간을 버텨야 했습니다. 당시로는 이 알고리즘을 실행할 거대한 데이터와 운용을 감당할 컴퓨팅 용량이 제대로 발전하지 못했기 때문입니다. 이후 빅데이터로 분석데이터가 풍부해지고, 슈퍼컴퓨터의 연산 능력이 비약적으로 발전함에 따라 2016년 알파고와 이세돌 9단의 바둑 대국을 시작으로 수면 위로 떠오르게 된 것입니다. 이후 10년간의 세상은 AI를 제외하고 사회나 산업 그리고 국가의 발전상을 논의할 수 없을 정도로 변하게 되었습니다. 앞으로의 미래도 양자컴퓨팅과 그리고 또 다른 제2, 제3의 AI와 같은 기술이 등장하고 발전하게 될 것이며 이러한 흐름을 이해하는 사람만이 미래의 기회를 얻게 된다고 볼 수 있습니다.

더구나 전문가들은 머지않은 미래에 이러한 장애 요소들이 개선되고 AI가 지금 IT의 판도를 변화시키듯 양자컴퓨팅이 그러한 위치에 올라설 것이라고 전망합니다. 여기에 여러분에겐 또 하나의 기회가 열려 있다고 할 수 있어요. 아직 완결되지 않은 기술 분야가 있다는 것은 다른 의미로는 여러분의 도전의 영역이 여전히 남아 있다는 뜻이기도 합니다. 이 또한 AI 근육이 탄탄해야만 참여할 수 있는 분야라고 볼 수 있습니다.

결론적으로 향후 10년은 AI, 클라우드, 보안, 양자컴퓨팅, 기후 테크 등 고령화와 기후 위기 같은 새로운 이슈들에 대응할 수 있는 지속가능 IT가 주도할 것입니다. 흔히 AI 시대에는 이공계만이 살아남을 거라고 생각할 수 있습니다. 그러나 인문학, 사회학, 공학, 의료학, 예술 등 전 분야에 AI가 기초학문으로 확대된다고 보는 편이 더 바람직할 것입니다. 우리 삶 전반에 IT 모국어로서의 AI가 탑재되는 것이라 보는 것이 적절하겠지요. 그러니 어떤 분야를 전공한다고 하더라도 'AI 근육'이 없다면 멋지게 펼쳐질 미래 세상에서 나의 일자리가 그만큼 작아질 것이라는 점을 이해하는 것이 필요합니다. 이런 점은 분명히 우리 삶에 위협이 되기도 하지만 이제 막 세상을 향해 도약하려는 여러분에게는 또 하나의 기회가 되는 것이지요.

여러분 모두 자신만의 눈을 통해 미래를 향한 제대로 된 질문을 만들고, 지식과 경험의 사다리를 통해 멋진 상상을 펼치시길 바랍니다. 그리고 상상을 현실로 만들어가기 위해서 AI와 친해지기를 응원합니다.

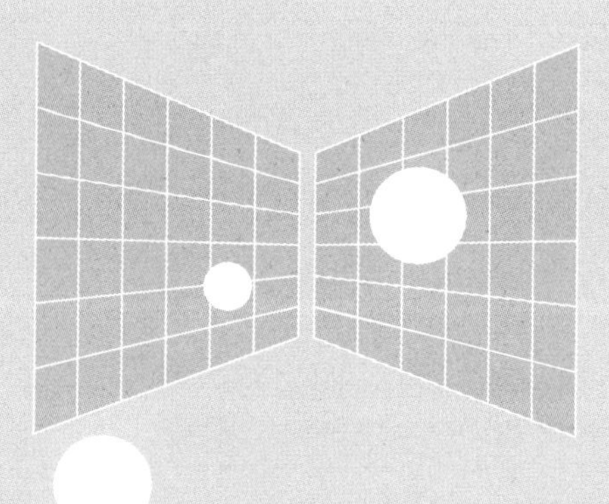

옮긴이 정세경

베이징영화대학에서 중국어 연수를 하고 싸이더스 픽쳐스에서 일했습니다. 현재 중국어 출판 전문 기획 및 번역가로 활동하며 어린이, 소설, 에세이, 자기계발, 심리학, 철학, 교양 등 다양한 분야의 책을 번역하고 있습니다. 옮긴 책으로 『최고의 리더는 어떻게 사람을 움직이는가』 『뇌는 당신이 왜 우울한지 알고 있다』 『매일 심리학 공부』 『당신과 함께』 등 여러 권이 있습니다.

10대를 위한 젠슨 황 이야기

초판 1쇄 인쇄 2026년 2월 27일
초판 1쇄 발행 2026년 3월 12일

지은이 장린팡, 후팡팡
옮긴이 정세경
펴낸이 김선식

부사장 김은영
콘텐츠사업본부장 임보윤
책임기획 이슬　**책임편집** 이슬　**디자인** 유어텍스트
책임마케터 이고은
콘텐츠사업10팀장 강혜진　**콘텐츠사업10팀** 이슬, 정지혜, 이나영
마케팅사업1팀 이고은, 지석배, 최민경, 김은지　**홍보1팀** 김민정, 홍수경, 변승주
브랜드사업본부장 정명찬
브랜드홍보팀 오수미, 서가을, 박장미, 박주현　**영상홍보팀** 이수인, 염아라, 이지연, 노경은
저작권팀 성민경, 이슬　**편집관리팀** 조세현, 김호주, 백설희
재무관리팀 하미선, 임혜정, 이슬기, 김주영, 오지수
인사총무팀 강미숙, 김재경, 김혜진, 김주림, 황종원
제작관리팀 이소현, 김소영, 유미애, 이지우, 이승협
물류관리팀 김형기, 김선진, 주정훈, 양문현, 채원석, 박재연, 이준희, 최대식

펴낸곳 다산북스　**출판등록** 2005년 12월 23일 제313-2005-00277호
주소 경기도 파주시 회동길 490
대표전화 02-704-1724　**팩스** 02-703-2219　**이메일** dasanbooks@dasanbooks.com
홈페이지 www.dasan.group　**블로그** blog.naver.com/dasan_books
용지 스마일몬스터　**인쇄** 민언프린텍　**코팅 및 후가공** 제이오엘앤피　**제본** 다온바인텍

ISBN 979-11-306-7713-2 (43500)

다산북스(DASANBOOKS)는 독자 여러분의 책에 관한 아이디어와 원고 투고를 기쁜 마음으로 기다리고 있습니다.
책 출간을 원하는 아이디어가 있으신 분은 다산북스 홈페이지 '투고 원고' 항목에 출간 기획서와 원고 샘플 등을 보내주세요.
머뭇거리지 말고 문을 두드리세요.